U0170374

钼靶材及其薄膜制备技术

Preparation Technology of Molybdenum Target and Its Thin Film

谢敬佩　陈艳芳　赵海丽
柳　培　王爱琴　王文焱　等　著

科学出版社

北　京

内 容 简 介

针对大尺寸钼靶材制备难度大、致密度和晶粒尺寸的均匀性难以控制等技术难点,本书从钼粉的制备和靶材的热加工工艺入手,研究了原材料及还原工艺对钼粉性能的影响和烧结钼的热变形行为,分析了变形温度、应变速率、变形量等对其动态再结晶和静态再结晶的影响,确定了钼靶材的制备工艺,实现了钼靶材的微观组织调控。本书还研究了钼靶材的原始组织状态、单层钼薄膜的热处理、双层钼薄膜的结构调控和工艺优化,探究其对金属钼薄膜结构和光电性能的影响,从而制备出具有良好光电性能和高黏结性能的钼薄膜。

本书可供从事有色金属、难熔金属材料、光电材料等领域的科研工作者、工程技术人员、大学教师及研究生参考。

图书在版编目(CIP)数据

钼靶材及其薄膜制备技术 = Preparation Technology of Molybdenum Target and Its Thin Film / 谢敬佩等著. —北京:科学出版社,2022.7

ISBN 978-7-03-070385-9

Ⅰ. ①钼… Ⅱ. ①谢… Ⅲ. ①钼-金属薄膜-制备 Ⅳ. ①TB383

中国版本图书馆CIP数据核字(2021)第222349号

责任编辑:吴凡洁 耿建业 / 责任校对:王萌萌
责任印制:吴兆东 / 封面设计:无极书装

科 学 出 版 社 出版
北京东黄城根北街 16 号
邮政编码:100717
http://www.sciencep.com

国安县铭成印刷有限公司 印刷
科学出版社发行 各地新华书店经销

*

2022 年 7 月第 一 版 开本:720 × 1000 1/16
2023 年 4 月第二次印刷 印张:12 3/4
字数:255 000

定价:118.00 元
(如有印装质量问题,我社负责调换)

前　言

钼是一种熔点为 2620℃、体心立方结构的难熔金属，其密度为 10.22g/cm³。由于其优异的力学性能(高温强度高、抗蠕变性能好、良好的耐磨性)、化学性能(耐腐蚀性高、与玻璃有良好的黏合性、较快速的蚀刻速度)、物理性能(熔点高、导电导热性好、摩擦系数低等)，已广泛应用在钢铁、电子、航空航天、核工业、玻璃熔炼、医疗等领域。钼薄膜的比阻抗和膜应力仅为铬的 1/2，且具有良好的环保性能，因此钼溅射靶材已广泛应用于电子部件和电子产品，如 TFT-LCD(薄膜半导体管-液晶显示器)、等离子显示器、场发射显示器、触摸屏，还可用于太阳能电池的背电极、玻璃镀膜等领域。

随着电子行业及太阳能电池的发展，钼及钼合金靶材作为高附加值电子材料的用量在逐年增加。钼及钼合金溅射靶材是钼行业的新兴、高端产品，要求纯度高、致密度高、晶粒细小均匀等，技术含量高，相关领域一直被日本的日立金属(Hitach Metal)、奥地利的普兰西(Plansee)、德国的斯达克(H.C. Starck)和贺利氏(Heraeus)等国际巨头垄断。

钼材料研发及精深加工作为我国战略性新兴产业得到各级政府的大力支持。"十三五"规划中，国家在《新材料产业发展指南》中将关键战略材料作为主攻方向，指出着力构建以企业为主体、以高校与科研机构为支撑、军民深度融合、产学研用相互促进的协同创新体系，培育优势企业，促进新材料产业特色集聚发展。随着 TFT-LCD 的发展，TFT-LCD 溅射靶材的消费量也快速增长，年增长率达到 20%。钼靶的长度决定了屏幕的宽度。目前，TFT-LCD 面板制造正朝大型化和高精细化方向发展，所用钼靶尺寸越来越大。G5、G5.5、G6、G7.5、G8.5 世代的钼溅射靶材都是以拼接的方式使用，拼接法增加了钼靶材的加工制造成本，并且不同靶材在组织结构方面有一定差异，在一定程度上影响溅射镀膜的效果，而整体靶材更有利于解决膜层的均匀性问题。同时，钼靶材的纯度、致密度、晶粒尺寸等特性对镀膜质量及产品性能起决定作用。大尺寸靶材制备难度大，组织致密度和晶粒尺寸的均匀性难以控制，板靶轧制过程中易出现微孔、微裂纹、分层、带状组织等缺陷，因此制备大尺寸高纯钼溅射靶材对钼粉质量的要求十分严格，而我国制备钼靶材的钼粉质量控制标准尚未完善。受到技术和设备的限制，我国大尺寸高纯钼靶材制备能力和技术与国外还存在一定差距。

钼靶材的制备需要高质量的钼粉作为原材料，钼粉的形貌、粒度及其分布、杂质含量等对钼靶材的质量有很大的影响。目前，钼靶材的制备工艺主要为粉末冶金法，钼粉经过冷等静压、烧结后得到烧结钼靶材。为了提高钼靶材的致密度，烧结钼需进行轧制、锻造或挤压等变形处理以便得到组织细小均匀、致密度高的钼靶材。钼的硬度高、变形抗力大、原子间结合力极强，因此变形温度高。钼板坯在后续的轧制过程中会出现各向异性、加工硬化等现象，塑性变形能力差，成材率比较低。随着钼靶材尺寸的不断增大，靶材的组织也越来越难以控制。因此，对纯钼板坯进行热模拟试验，探索变形温度、应变速率、变形量对纯钼板材再结晶行为的影响及对微观组织进行调控，具有非常重要的理论价值和实际意义。本书的主要研究工作如下：

(1)建立了钼粉杂质含量、粒度及形貌与原材料钼酸铵晶型和制备工艺之间的关系，实现了高纯钼粉形态及尺寸的有效控制，提出了大尺寸高纯钼靶材制备的钼粉质量控制标准。由单一 β 型四钼酸铵还原得到的二氧化钼表面光滑、无裂纹存在，且分散性好、粒度分布窄。在相同还原条件下，钾含量高的钼酸铵还原得到的钼粉粒度大。相同原料在高温、低氢流量下还原得到的钼粉粒径较大。制备的钼粉粒度最大为 5.6μm。钼粉中的杂质含量主要与还原条件及团聚程度有关。钼粉经过筛分，其物理性能得到改善，品质进一步提高。

(2)构建了变形条件与纯钼动态再结晶之间的关系模型，计算了纯钼单道次热压缩变形激活能 $Q = 339.914$kJ/mol，构建了本构方程，绘制了纯钼在不同热变形条件下的 θ-σ 曲线与 $(-\partial\theta/\partial\sigma)$-$\sigma$ 曲线，计算了纯钼的动态再结晶临界应变量，并引入 Z 参数(温度补偿因子)，构建了临界应变模型。动态再结晶临界值 ε_c 和 ε_p 存在一定的线性关系，建立了动态再结晶峰值应变和临界模型参数之间的关系。在高温低应变速率变形条件下($1220\sim1300$℃，$0.01\sim0.1$s^{-1})，纯钼更容易发生动态再结晶行为。在相同的变形温度下，随着应变速率减小，晶粒尺寸逐渐增大、硬度变小；在相同的应变速率下，变形温度越高，动态再结晶越容易进行，纯钼的硬度越小。

(3)建立了静态再结晶与双道次热变形条件之间的关系。在其他变形条件一定时，纯钼板坯的真应力随应变速率的增加而增大，随着变形温度的升高而减小，随真应变的增加而增大。当真应变为 0.3、变形温度为 1300℃时，变形量超过了发生静态再结晶的临界变形量，纯钼发生了明显的动态再结晶行为。采用2%补偿法计算了各变形温度和道次间隔时间下的静态再结晶软化比，随着道次间隔时间的增加，软化率增大，当变形温度为 1300℃、道次间隔时间为 1000s 时，静态软化率达到了 64%。当应变速率为 0.01s^{-1}、应变为 0.25 和 0.3、变形温度为 1300℃时，纯钼的微观组织都出现了晶粒异常长大现象，表明变形温度超过了临界变形的温度。温度对临界应变的影响很大，温度升高会降低材料的临界应变。

(4)利用电子背散射衍射(electron backscattered diffraction，EBSD)技术分析了不同变形温度下织构的变化。真应变为 0.25、应变速率为 0.01s^{-1}、道次间隔时间为 60s 时，随着温度的升高，平均晶粒尺寸增大，晶粒长径比减小；晶粒大部分为〈001〉织构和〈111〉织构方向。随着变形温度的升高，〈111〉纤维的织构变弱，〈001〉纤维的织构变强，小角度晶界减少，大角度晶界增加，静态再结晶程度增大。

(5)制定了宽幅细晶钼板靶材的热加工工艺制度，制备出晶粒细小均匀、密度大的钼靶材。在钼靶材的烧结温度 1950℃、烧结时间 37h、轧制总变形量 80%、轧制温度 1220℃、热处理温度 1200℃，热处理时间 1h 条件下，制备出的钼靶材晶粒细小均匀，晶粒尺寸为 28.5μm，密度达到 10.13g/cm³。

(6)建立了靶材的原始组织状态与钼薄膜结构和性能之间的关系。研究了不同的轧制温度和轧制方向对钼靶材及用其制备的钼薄膜的结构和性能的影响。结果表明，与单向轧制的钼靶材相比，交叉轧制的靶材晶粒尺寸及分布更加细小均匀。而且，与 1300℃交叉轧制的钼靶材相比，1200℃交叉轧制的钼靶材晶粒尺寸更小，晶粒分布更为均匀致密，(110)晶面的择优取向性更强。采用该靶材制备的钼薄膜结构更加均匀致密，表面更加平整，光电性能最佳。

(7)优化了热处理方式对单层钼薄膜光电性能影响的工艺。在单层钼薄膜的优化工艺中，比较了基底加热和退火处理以及二者兼有的热处理方式对单层钼薄膜结构和光电性能的影响。采用直流磁控溅射法制备单层钼薄膜，并对其进行了不同方式的热处理，包括基底加热(溅射过程中热处理)、退火处理(溅射成膜后热处理)及两者兼有的双重热处理工艺，探讨了热处理工艺对单层金属钼薄膜组织及性能的影响。研究表明，较之基底加热，退火处理后的钼薄膜光电性能更佳，且采用双重热处理工艺(400℃基底加热、400℃退火处理)制备的金属钼薄膜的晶粒分布最均匀致密、表面更加平整、空隙和空洞等缺陷最少、晶粒尺寸最大、晶界数目和电子散射最少，从而其导电性及光学反射率最佳，电阻率为 $1.36 \times 10^{-5} \Omega \cdot cm$，反射率在 50%以上，但黏结性有轻微减小的趋势。以其制备的铜铟镓硒(CIGS)太阳能电池的效率高达 12.8%，比以室温制备的钼薄膜为电极制备的太阳能电池效率提高了 43.8%。

(8)在双层钼薄膜的研究中，研究了溅射模式和厚度匹配对其结构、黏结性以及光电性能的影响。为了使钼薄膜既有良好的黏结性又有良好的光电性能，制备了双层结构的钼薄膜。研究了不同的厚度匹配及不同的溅射模式对双层钼薄膜结构和光电性能的影响。研究表明：采用相同溅射模式时，随着底层厚度的增加，钼薄膜的黏结性明显增加，双层钼薄膜的电阻率逐渐增加，但光学反射率也逐渐增强。而在同样厚度匹配条件下，采用射频/直流(RF/DC)模式制备的双层钼薄膜，其电学性能虽略低于直流/直流(DC/DC)方式，但其光学性能及黏结性能比 DC/DC 方式更佳。因此，采用 RF/DC 模式制备底层厚度较薄的双层钼薄膜性能最优。

(9) 阐明了双层钼薄膜底层溅射气压对界面扩散和黏结性的影响以及退火温度对其组织结构和光电性能的影响机理。对用 RF/DC 模式制备底层厚度较薄的双层钼薄膜，进行了底层溅射气压的优化，研究了其对双层钼薄膜界面扩散性及组织结构和光电性能的影响，并对其机理进行了阐述。为进一步提高优化的双层钼薄膜的性能，对其进行了不同温度的退火。研究表明，当底层溅射气压为 0.4Pa、顶层溅射气压为 0.3Pa，并且经过 400℃退火处理后的钼双层薄膜，既具有良好的黏结性又具有优异的光电性能，电阻率低至 $9.2\times10^{-6}\Omega\cdot cm$，且平均反射率高达 55%，能够很大程度地满足太阳能电池背电极的需要。以其为电极制备的 CIGS 太阳能电池的效率高达 13.5%，比同样条件下室温制备的以钼薄膜为电极的太阳能电池效率提高了 51.7%。

全书共分 10 章，1.1～1.5 节由谢敬佩教授撰写，1.6～1.10 节由马窦琴博士撰写，第 2 章由柳培博士撰写，第 3～5 章由陈艳芳博士撰写，6.1 节由王爱琴教授撰写，6.2 节由毛志平博士撰写，第 7～9 章由赵海丽博士撰写，10.1 节由王文焱教授撰写，10.2 节由衷清华博士撰写，10.3 节由郝世明博士撰写，全书由谢敬佩教授统稿。

洛阳高新四丰电子材料有限公司孙虎民总经理、方宏部长，洛阳科威钨钼有限公司张灵杰总经理、岳慎伟部长，洛阳高科钼钨材料有限公司张太阳总经理、李伟部长等做了大量的理论研究、工业实验及推广应用工作。河南科技大学李炎教授、陈艳芳博士、赵海丽博士、柳培博士、马窦琴博士、衷清华博士、毛志平博士、郝世明博士、毛爱霞博士、杨康硕士、梁婷婷硕士、郭惠丹硕士、居炎鹏硕士做了大量的材料制备工艺研究、微观组织研究、数据处理及有关编写材料的准备工作。

本书是作者长期科研、教学及工业应用工作的总结。由于作者水平有限，没有标准可以参考，很多问题的研究正处于不断发展和深入过程中，书中难免出现不妥之处，恳请读者批评指正。作者在此表示衷心的感谢！

联系地址：河南省洛阳市洛龙区 263 号，河南科技大学，邮编：471023，E-mail：xiejp@haust.edu.cn。

谢敬佩
2022 年 3 月于洛阳

目　录

第1章 绪 论

1.1 金属钼的基本性质

1.1.1 钼的物理性质

钼是一种稀有难熔金属材料，呈银白色，硬而坚韧，其原子序数为 42，相对原子量为 95.95，在元素周期表中位于第五周期的ⅥB族，是一种过渡金属元素，具有两个未被电子充满的外电子层（N 和 O 层），钼的自由原子电子层结构为 $1s^2 2s^2 2p^6 3s^2 3p^6 3d^{10} 4s^2 4p^6 4d^5 5s^1$。原子半径为 0.139nm，$Mo^{4+}$ 和 Mo^{6+} 的离子半径分别为 0.068nm 和 0.065nm。钼是 A2 型体心立方结构，空间群为 O_h^9（1m3m），无同素异构转变。其晶格常数范围为 3.1467～3.1475，随着温度的变化稍有不同。钼的熔点为 2620℃，沸点高达 5560℃，仅次于钨、碳、铼等元素。钼在 20℃时的密度为 10.22g/cm³，约为钨的 1/2。钼的线膨胀系数为 $5.8×10^{-6}$～$6.2×10^{-6}$，为钢铁的 1/3～1/2，与 SiO_2 相近，低的线膨胀系数使得钼材在高温下尺寸稳定，减少了破裂的危险。钼的热导率是许多高温合金的数倍，大约为铜的 1/2。钼的电导率较高，约为铜的 1/3，且随着温度的升高而下降。钼有很高的弹性模量，而且受温度影响较小，在 800℃时仍高于普通钢在室温下的数值[1,2]。钼的一些物理性质见表 1.1～表 1.7。

表 1.1 钼的主要物理性质

物理性质	数值
相对原子质量	95.95
晶体结构及晶格常数	体心立方，0.314737nm
摩尔质量/(g/mol)	42
熔点/℃	2620
密度/(g/cm³)	10.22
线膨胀系数(298～973K)/(m·℃)	$5.8×10^{-6}$～$6.2×10^{-6}$
比电阻(25℃)/(Ω·m)	$5.2×10^{-8}$
热导率(300K)/[W/(m·K)]	138
比热容/[J/(mol·K)]	$22.92+5.44×10^{-3}T$(298～1800K)

表1.2 钼的同位素及含量

同位素的质量数	92	94	95	96	97	98	100
天然混合物含量/%	15.86	9.12	15.7	16.5	9.45	23.75	9.62

表1.3 钼原子的电离电位值

外层电子	I	II	III	IV	V	VI	VII	VIII
电离电位	7.2	15.17	27.00	40.53	55.6	71.7	132.7	153.2

表1.4 钼的蒸发速度和蒸气压

温度/K	蒸发速度/[g/(cm²·s)]	蒸气压/bar[①]
1000	1.37×10^{-24}	1.01×10^{-19}
1200	2.44×10^{-19}	1.97×10^{-14}
1400	1.29×10^{-15}	1.13×10^{-10}
1600	7.60×10^{-13}	7.09×10^{-8}
1800	1.06×10^{-10}	1.05×10^{-6}
2000	5.34×10^{-9}	5.58×10^{-4}
2200	1.30×10^{-7}	1.43×10^{-2}
2400	1.80×10^{-6}	2.05×10^{-1}
2600	1.57×10^{-5}	1.87
2800	1.04×10^{-4}	12.8

①1bar=10^5Pa。

表1.5 液态钼的蒸气压

温度/K	3000	3330	3750	4300	4580	4810	5077
蒸气压/bar	0.0001	0.001	0.01	0.1	0.25	0.5	1.0

表1.6 固体钼的热力学性质

温度/K	焓 $H_T-H_{298.15}$/[cal/(g·℃)]	熵 S_T/[cal/(g·℃)]	自由能函数/[cal/(g·℃)]
298	0	6083	6.83
400	595	8354	7.06
800	3100	12.85	8.98
1200	5790	15.47	10.75
1600	8780	17.71	12.23
2000	12040	19.53	13.51
2400	15580	21.24	14.65
2800	19400	22.61	15.69
2900(液体)	26990	26.46	17.16
3000(液体)	27990	28.80	17.47

注：1cal=4.1868J。

表 1.7　理想单原子气态钼的热力学性能

温度/K	焓 $H_T-H_{298.15}$ /[cal/(g·℃)]	熵 S_T /[cal/(g·℃)]	自由能函数 /[cal/(g·℃)]	生成焓 ΔH_f /[cal/(g·℃)]	生成自由能 ΔG_f /[cal/(g·℃)]	$\lg K_P$
298	0	43.46	43.46	157500	146578	−107.449
400	506	44.92	43.66	157411	142859	−78.061
800	2493	48.37	45.26	156893	128477	−35.101
1200	4481	50.38	46.65	156191	114419	−20.840
1600	6472	51.81	47.77	155192	100632	−13.745
2000	8492	52.94	48.70	153952	87132	−9.520
2400	10598	53.90	49.49	152518	73894	−6.728
2800	12878	54.77	50.18	150978	60930	−4.755
2900	13487	54.99	50.34	143997	61260	−4.616
3000	14116	55.20	50.50	143626	58426	−4.256

注：K_P 为平衡常数。

1.1.2　钼的化学性质

在钼的化合物中，钼可以呈+2 价、+3 价、+4 价、+5 价、+6 价。+5 价和+6价是其最常见的价态。与钨类似，钼的低氧化态化合物呈碱性，而高氧化态化合物呈酸性。钼的最稳定价态为+6，次稳定的低价态为+5 价、+4 价、+3 价和+2 价。在常温下，钼在空气中很稳定。但当温度达到 400℃时开始发生轻微的氧化，在500～600℃时，钼在空气中的氧化速度迅速增加，生成 MoO_3。在 600～700℃时，氧化形成的 MoO_3 开始升华。在高于 700℃时，钼被水蒸气迅速氧化成二氧化钼（$Mo+2H_2O \!\!=\!\!=\!\! MoO_2+2H_2$）。

钼在纯氢、氩气和氦气中完全稳定，一直到它的熔化温度都不与氢气发生任何化学反应。但钼在氢气中加热时，能吸收一部分氢气生成固溶体。例如在 1000℃时，100g 金属钼中能溶解 $0.5cm^3$ 的氢。钼在许多电炉中的应用充分证明了这一点。

在二氧化碳、氨和氮气中，直至约 1100℃，钼仍具有相当的惰性。在更高的温度下，在氨和氮气中，钼的表面可能形成氮化物薄膜。高于 1500℃，钼与氮发生化学反应生成氮化物。从 800℃开始，碳、碳氢化合物和一氧化碳与钼相互作用生成 Mo_2C。在高于 700℃时，二氧化碳可以使钼氧化。

在含硫气氛中，钼的行为取决于含硫气氛的性质。在还原气氛下，甚至在高温下钼也能耐硫化氢的侵蚀。这时候在钼的表面上会形成黏附性好的硫化物薄层。但是在氧化性气氛下，含硫气氛能迅速腐蚀钼。硫蒸气需高于 440℃，硫化氢则需高于 800℃才能与钼发生化学反应生成 MoS_2，含硫气体在 700～800℃也能氧化金属钼。

钼在卤素中的行为也变化多端。低于 500℃时能耐碘的腐蚀；在 500～800℃，钼与碘开始发生化学反应；低于 450℃时能耐干燥溴的腐蚀；当温度升到 550℃以上时，钼可以与干燥溴发生反应；低于 230℃时，钼对干燥氯有很强的腐蚀性，当温度达到 250℃时，钼与氯开始相互作用。钼易被湿氯腐蚀，生成 $MoCl_5$，该物质具有挥发性。而氟与钼在室温下能迅速反应，60℃时可生成具有挥发性的 MoF_6，当有氧存在时，可生成 Mo_2F_2 或 MoF_4。当有水分存在时，全部卤素在室温下均对钼起作用。

硼与钼在加热的情况下可以相互作用。硅与钼在温度高于 1200℃时，发生相互作用生成 $MoSi_2$，温度一直升到 1500℃时，$MoSi_2$ 在空气中仍非常稳定。

钼的表面状态对其在电化序中的位置起决定作用。经在浓铬酸溶液中钝化处理后，其电位值为 0.66V；而当在苛性碱中做阴极处理活化后，电位值为–0.74V。

在室温下，钼能抗盐酸和硫酸的侵蚀。但在 80～100℃的温度下，钼在盐酸和硫酸中有一定数量的溶解。在冷态下，钼能缓慢地溶于硝酸和王水中，在高温时溶解迅速。氢氟酸本身不腐蚀钼，但当氢氟酸与硝酸混合后，腐蚀相当迅速。5 体积硝酸、3 体积硫酸和 2 体积水的混合物，是钼的有效溶剂。钼在酸性介质中的行为还受是否有其他化学试剂存在的影响。例如，$FeCl_3$ 可加速钼在盐酸中的溶解，$FeCl_2$ 却没有这种作用。因此，在氧化气氛下，对有钼存在的体系中使用含铁的组分是不当的。

在室温下，苛性碱的水溶液几乎不腐蚀钼，但在热态下会发生轻微腐蚀。在熔融的苛性碱中情况完全不同，特别是在有氧化剂存在时，金属钼迅速被腐蚀。熔融的氧化性盐类，如硝酸钾和碳酸钾，能强烈侵蚀钼。

钼对许多熔融金属具有很好的耐蚀性。在高熔点金属中，钼对熔融态的铋和钠的耐蚀性很强。钼不与汞作用，因此在水银开关中得到应用。在熔融金属中，对钼腐蚀严重的有锡、铜、镍、铁、钴。钼对熔融的锌具有适度的耐蚀能力，与钨合金化有助于提高其耐蚀能力。值得一提的是，钼与许多类型的玻璃、有色金属炉渣，以及在惰性气氛下与氧化钼、氧化锆、氧化铍、氧化镁和氧化钍兼容[1,3,4]。

1.2　钼的化合物及其性质

1.2.1　钼的氧化物

钼与氧形成一系列化合物，如 MoO_3（斜方层状 α 相）、$MoO_{2.89}$（单斜的 β 相和三斜的 ε 相）、$MoO_{2.875}$（单斜的 β 相）、MO_4O_{11}（$MoO_{2.75}$，单斜的 η 相）和 MoO_2（单斜的 δ 相），其中最稳定且常见的是 MoO_3 和 MoO_2。MoO_3 是酸酐，而 MoO_2 是碱性氧化物。与钨和氧形成的氧化物有些类似，中间氧化物 $MoO_{2.89}$ 和 Mo_4O_{11}，与 $WO_{2.90}$ 和 $WO_{2.72}$ 有些相当，但 $MoO_{2.89}$ 和 Mo_4O_{11} 的稳定性不如 $WO_{2.90}$ 和 $WO_{2.72}$，

很难制得它们的纯样品。

MoO₃和MoO₂的某些性质见表1.8。MoO₃是钼冶金中最重要的中间体，大多数钼的化合物都是直接或间接地以它为原料制得的。它能与强酸，特别是浓硫酸反应，形成MoO_2^{2+}和$Mo_2O_4^{4+}$复合阳离子，这些离子本身又能形成可溶性盐。碱的水溶液、碱的熔体和氨能够与MoO₃迅速反应，形成钼酸盐。将钼或其化合物进行强烈氧化，得到的最终产物总是MoO₃。工业上，在500℃以上的温度用氢气还原MoO₃，是制取金属钼粉的方法。粗MoO₃可用在空气中焙烧辉钼矿(MoS₂)的方法制得。由于MoO₃在较低的温度下即具有显著的蒸气压，可用升华法对它进行净化。在升华作业的操作条件下，通常与之共生的杂质或不具有挥发性(如硅酸盐等)，或不能冷凝而被除去[1]。

表 1.8 MoO₃与MoO₂的某些性质

性质	表征	
	MoO₃	MoO₂
颜色	白色结晶粉末	深棕色粉末
熔点/℃	795	
沸点/℃	1155	
升华温度/℃	700	
生成热/(kJ/mol)	744±6	589
密度/(g/cm³)	4.6	6.34
水中溶解度/(g/L)	0.4~2	不溶于水
水溶液 pH	4~4.5	
结晶类型	斜方晶系	单斜晶系

1.2.2 钼酸及钼酸盐

当氧化钼的硝酸溶液蒸发时，会得到白色结晶粉末钼酸(H_2MoO_4)。当钼酸铵溶液用硝酸中和并将溶液自然蒸发时，得到水合钼酸($H_2MoO_4 \cdot H_2O$)。水合钼酸在温度低于61℃时稳定，而钼酸在61~120℃温度范围内稳定。钼酸在高于120℃时脱水，生成MoO₃。钼酸微溶于水，但是它能迅速溶于无机强酸和碱中。随着温度的升高，钼酸在水中的溶解度增加(表1.9)。在酸中钼酸的溶解度随酸度的变化而变化，在pH=1~2时，其溶解度最小，这是溶液中沉钼的重要理论依据。

表 1.9 钼酸在水中的溶解度(以MoO₃计)

温度/℃	18	30	36.8	45	52	60	70	80
溶解度/(g/L)	0.106	0257	0.328	0.365	0.417	0.421	0.466	0.518

钼酸的盐类称为钼酸盐，而多钼酸的盐类称为多钼酸盐。单钼酸盐的分子式为 $M_2O \cdot MoO_3$ 或 M_2MoO_4，式中 M_2O 代表一价金属氧化物。在多钼酸盐中，$n(M_2O):n(MoO_3)<1$，其数值变化范围相当宽。例如，已知的多钼酸盐有二钼酸盐 $(M_2O \cdot 2MoO_3)$、仲钼酸盐 $(3M_2O \cdot 7MoO)$、五钼酸盐 $(M_2O \cdot 5MoO_3)$、八钼酸盐 (也称 8/3 钼酸盐，$3M_2O \cdot 8MoO_3 \cdot 3H_2O$) 和四钼酸盐 $(M_2O \cdot 4MoO)$ 等。

当碱金属钼酸盐用酸中和，或当 MoO_3 溶于钼酸盐溶液中时，会形成多钼酸盐。溶液的 pH 对钼酸根的形态有很大影响。在 pH 大于或等于 6.5 时，溶液中只有钼酸根阴离子存在。在 pH 为 2.5~6.5 时，发生聚合反应，生成各种多钼酸根离子。在溶液的 pH 小于 2.5 时，生成 MoO_2^{2+} 或更为复杂的阳离子。在 pH 低于 1 时，阳离子是主要的存在形式。碱金属的单钼酸盐在水中的溶解度高，而碱土金属、铅、铁、铜、锌等的单钼酸盐的溶解度低。

以下是常见的单钼酸盐和多钼酸盐的性质。

1) 单钼酸钠 (Na_2MoO_4)

从 $n(Na_2O):n(MoO_3)$ 大于 1 的溶液中，可以结晶出单钼酸钠。在 10~100℃ 温度区间内结晶的是二水钼酸钠 $(Na_2MoO_4 \cdot 2H_2O)$，而在低于 10℃ 时生成的是十水合物。无水 Na_2MoO_4 的熔点是 627℃，密度为 $3.28g/m^3$。Na_2MoO_4 在 15℃ 时的溶解度为 39.27%，在 100℃ 时的溶解度为 45.27%。

2) 单钼酸铵 $(NH_4)_2MoO_4$

单钼酸铵主要用在化学和催化剂工业。将工业级或纯 MoO_3 溶于氨水，经过滤和蒸发后可制得单钼酸铵。

3) 钼酸钙 $(CaMoO_4)$

钼酸钙在自然界以钼酸钙矿的形式存在。钼酸钙是白色晶体，向钼酸盐水溶液添加氯化钙可制得钼酸钙。钼酸钙的密度为 $3.28g/cm^3$，在 1520℃ 时熔化。

4) 钼酸铁

钼酸铁有两种，一种是三价铁的钼酸盐 $Fe(MoO_4)_3 \cdot nH_2O$，另一种是亚铁钼酸盐 $FeMoO_4$。在 pH 约为 3.5 时，向钼酸盐水溶液添加 $FeCl_3$ 或 $Fe_2(SO_4)_3$，会沉淀出黄色的 $Fe(MoO_4)_3$。在更高 pH 下得到的沉淀物含有 $Fe(OH)_3$，呈棕色。在 pH 低于 3.5 时，沉淀物含有钼酸。当加热至 600℃ 以上时，$Fe(MoO_4)_3$ 分解为 Fe_2O_3 和 MoO_3。$FeMoO_4$ 不能从钼酸盐水溶液中获得，因为 Fe^{2+} 能还原 MoO_4^{2-}。在隔绝空气下将 FeO 和 MoO_3 的混合物加热到 500~600℃，可得到 $FeMoO_4$。

5) 钼酸铅 $(PbMoO_4)$

钼酸铅是一种白色微溶于水的钼酸盐，在自然界以钼酸铅矿形式产出。它既可以从碱金属钼酸盐的溶液中析出，也可以用将 PbO 和 MoO_3 的混合物加热到 500~600℃ 的方法来合成。钼酸铅的密度为 $6.92g/cm^3$，在 1065℃ 时熔化。

6）钼酸铜（$CuMoO_4$）

无水钼酸铜是一种黄绿色的粉末，它可用将 CuO 和 MoO_3 的混合物加热到 500～700℃的方法来合成。钼酸铜在 820℃时熔化并分解。亮绿色的碱式钼酸铜可用向钼酸钠水溶液添加铜盐的方法来制备。随沉淀的条件不同，得到的沉淀物的分子式或为 $CuO \cdot CuMoO_4 \cdot 5H_2O$，或可能具有天然矿物 $2CuMoO_4 \cdot Cu(OH)_2$ 的组成。

7）仲钼酸钠（$5Na_2O \cdot 12MoO_3 \cdot 38H_2O$）

仲钼酸钠是最有代表性的一种多钼酸钠盐。将单钼酸钠溶液中和至 pH 大约为 5 时，结晶出仲钼酸钠。这种水合物的溶解度在 30℃时为 157g/100g(H_2O)。仲钼酸钠的无水盐微溶于水。

8）仲钼酸铵（$3(NH_4)_{20} \cdot 7MoO_3 \cdot 4H_2O$）

仲钼酸铵可以从 NH_3：MoO_3 物质的量比为 6：7 或稍高的氨性溶液中析出。为获得上述物质的量比，可采用蒸发驱氨的方法或中和掉部分氨的方法。仲钼酸铵在空气中稳定，20℃时在水中的溶解度约为 300g/L，在 80～90℃时约为 500g/L。仲钼酸铵在 150℃时开始分解，放出氨并形成四钼酸铵 $(NH_4)_2O \cdot 4MoO_5$，在 350℃时失去全部氨而剩下 MoO_3。铵盐是工业上常见的钼化合物，是生产纯 MoO_3 和金属钼粉的中间品。

9）四钼酸铵（$(NH_4)_2Mo_4O_{13} \cdot xH_2O$）

四钼酸铵是用含钼酸的氨性溶液通过酸沉法生产的，其分子式为 $(NH_4)_2Mo_4O_{13} \cdot xH_2O$。无水四钼酸铵按其结晶形态可分为四钼酸铵、α-四钼酸铵、β-四钼酸铵、微晶型四钼酸铵和无定形五种。常见的形态为四钼酸铵、α-四钼酸铵、β-四钼酸铵。

10）二钼酸铵（$(NH_4)_2Mo_2O_7 \cdot xH_2O$）

当高浓度的钼酸铵溶液随着 pH 降低时，将分别结晶出二钼酸铵、仲钼酸铵和四钼酸铵（或八钼酸铵）等晶体。将浓的钼酸铵溶液加热蒸发，使其中大部分的游离氨蒸发除去，同时使溶液得到进一步的浓缩，并使 NH_3：MoO_3 分子比为 1：1 时，溶液中的钼将以二钼酸铵的形态结晶析出，它也是一种重要的多钼酸盐[1]。

1.2.3　钼蓝

当用一种还原剂（如 SO_2、H_2S、Zn、葡萄糖等）与钼酸或酸性钼酸盐溶液作用时，会形成所谓的"钼蓝"而使溶液带深蓝色。在氧化还原过程中容易出现钼蓝，特别是在生产中反应未精确控制，或在溶液的酸度或碱度过高时，蓝色根本不会出现。铜蓝是一种化合物，其成分大致相当于 $Mo_5O_{14} \cdot xH_2O$ 或 $Mo_8O_{23} \cdot xH_2O$。

钼蓝在溶液中以胶体形式存在,很容易被表面活性物质吸附(例如被植物和动物的组织),并使后者呈蓝色。

1.2.4 钼的硫化物、硒化物和碲化物

钼能与硫、硒和碲形成一系列匀相化合物。二硫化钼 MoS_2、二硒化钼 $MoSe_2$ 和二碲化钼 $MoTe_2$ 是异质同相化合物。这些化合物通常是令相应元素在密封的真空管子中,在高温下直接化合而成。钼能形成四种硫化物:MoS_3、MoS_5、MoS_2 和 Mo_2S_3。其中只有 MoS_2 和 MoS_3 具有工业意义。MoS_2 在自然界以辉钼矿形式存在,它是钼的主要矿物。MoS_2 能用多种方法合成。

(1)将高硫化钼在断绝空气的情况下加热;

(2)令硫的蒸气与金属钼粉作用;

(3)令 MoO_3、苏打和硫一起熔合。

向热的钼酸盐的酸性溶液通入 H_2S,可沉淀出高价硫化钼 MoS_3。MoS_2 可溶于硫化铵溶液,形成硫代钼酸盐:$MoS_3+(NH_4)_2S\Longrightarrow(NH_4)_2MoS_4$。硫代钼酸盐易溶于水。当硫代钼酸盐溶液酸化时,分解出 MoS_3:$(NH_4)_2MoS_4+H_2SO_4\Longrightarrow MoS_3+(NH_4)_2SO_4+H_2S$。在钼的化学分析和从溶液中提取钼时,都用到 MoS_3 的沉淀反应。MoS_2、$MoSe_2$ 和 $MoTe_2$ 都是性能优良的固体润滑剂[1]。

1.2.5 钼的卤化物

钼能与卤素生成数量众多的卤化物,将金属钼直接卤化能生成最高价的卤化物(MoF_6、$MoCl_5$、$MoBr_4$ 和 MoI_2)。在适度的温度下具有挥发性是许多钼的卤化物和氧卤化物的特性。通常用金属钼、氢和碳氢化合物还原高价卤化物,可得到低价卤化物。

在钼的卤化物中,钼的氯化物是最有工业意义的。蒸沸的六氯丙烷与 MoO_3 反应即可生成 $MoCl_5$,其他的方法还有:MoS_5 在 400～500℃时进行氯化反应;MoO_3 与 CCl_4、Cl_2、$COCl_2$ 等气体进行氯化反应等,还原 $MoCl_5$;或低价氯化钼在高温下发生歧化反应都可制得 $MoCl_4$ 及 $MoCl_3$。钼的氯化物主要性质如表 1.10 所示。

钼的卤化物对空气中的湿气和氧具有极高的活性,所以必须在惰性气氛下进行操作。对不同的操作条件卤化物的行为也不相同。在空气存在的情况下还原 $MoCl_5$,得到的是 $MoOCl_3$。$MoOCl_3$ 是热力学上最稳定的氧氯化物。$MoCl_4$ 加热时升华,但冷却时歧化为 $MoCl_3$(固体)和 $MoCl_5$(气体)。$MoCl_3$ 在干燥的氢/氩气氛中加热到 500℃时,分解为 $MoCl_2$(固体)和 $MoCl_4$(气体)。在 700℃时 $MoCl_2$ 歧化为金属钼和 $MoCl_4$(气体)。

表 1.10　钼的氯化物的某些性质

化合物分子式	颜色	生成热/(kJ/mol)	熔点/℃	沸点/℃
MoCl$_5$	紫黑色	528.8	194	268
MoCl$_4$	棕色	479.0	330~1830℃加热升华	
MoCl$_3$	红棕色	392.9	高于 500℃分解为 MoCl$_2$ 和 MoCl$_4$	
MoCl$_2$	黄色	288.4	在 700℃分解为 Mo 和 MoCl$_4$	
MoO$_2$Cl$_2$	黄白色	732.1	170	156
MoOCl$_4$	绿色	641.6	104	180

钼与氟反应可得到最高价态 Mo 的化合物 MoF$_6$，这是一种非常不稳定的具有强氧化性的白色固体，其熔点为 7.5℃，沸点 35℃，立方晶系。在 300~400℃，用 Mo 还原 MoF$_6$ 可制得 MoF$_5$ 和 MoF$_4$。

MoF$_5$ 是一种黄色固体，在 165℃可歧化为 MoF$_4$ 和 MoF$_6$；MoF$_4$ 是一种非挥发性的绿色固体，也可在 350℃时由 MoS$_2$ 与 SF$_4$ 反应制得 MoF$_4$。MoF$_3$ 是一种非挥发性的棕色固体，真空中在 600℃仍十分稳定，可在 400℃时用 Mo、H$_2$、SbF$_3$ 等还原 MoF$_5$ 制得。表 1.11 列出了钼的主要氟化合物及其性质[1]。

表 1.11　钼的主要氟化合物及其性质

化合物	颜色	熔点/℃	沸点/℃	性质
MoF$_6$	白色	7.5	35	钼与氟反应，易还原，易分解
MoF$_5$	黄色	70	209.9	四面体结晶，165℃歧化为 MoF$_4$ 和 MoF$_6$
MoF$_4$	绿色固体			在 165℃歧化为 MoF$_4$ 和 MoF$_6$ 制得，挥发性差
MoF$_3$	棕色固体			挥发性差，真空中在 600℃十分稳定
MoOF$_4$	黑色固体	97	186	Mo 与 HF 或 MoO$_3$ 与 F$_2$ 反应等方法制得
MoO$_2$F$_2$	白色固体		270	MoO$_2$F$_2$ 与 HF 反应制得

1.3　钼金属材料的应用

钼具有熔点高、高温强度高、导电导热性好、膨胀系数小、抗热震性好、疲劳强度高、耐腐蚀性强等优点，广泛应用于钢铁、化工、航空航天、核工业、玻璃工业、医学、农业、电子工业等领域。

1.3.1　钢铁工业

钼在钢铁工业中的应用居首要地位，占钼总消耗量的 80%左右，主要用于生产合金钢(约占钼在钢铁消耗总量中的43%)、不锈钢(约占23%)、工具钢和高速钢(约占8%)、铸铁和轧辊(约占6%)。钼大部分是以工业氧化钼压块后直接用于炼钢或铸铁。少部分则先熔炼钼铁，然后再用于炼钢。钼主要用作钢的添加剂。钼作为钢的合金元素具有以下优点：使钢具有均匀的微晶结构，降低共晶分解温度，扩大热处理温度范围和淬透深度，降低回火脆性，提高抗氢脆性，抗硫化氢引起的应力开裂等，从而使钢铁的性能得到改善(如提高钢的强度和韧性，提高钢在酸碱溶液和液态金属中的抗腐蚀性，提高钢的耐磨性，改善钢的淬透性、焊接性和耐热性等)。含钼量为4%~5%的不锈钢往往用于诸如海洋设备、化工设备等侵蚀、腐蚀比较严重的地方[1,2]。

1.3.2　化工领域

钼在化工领域的用量居钼总消耗量的第2位，约占10%。钼具有优良的耐酸和耐其他金属腐蚀的性能，可用于制作真空、热交换器、油罐衬里、各种酸碱液容器、储罐等化工设备材料。钼的化合物是用途最广泛的催化剂之一，MoO_3、MoS_2和有机钼等是石油化工和化学工业中非常重要的催化剂和催化活化剂，钼催化剂广泛用于合成氨、石油化工、加氢脱硫、加氢精制、烃类脱氢、烃类的气相氧化、丙烯氨氧化等过程。缓蚀剂是指向腐蚀介质中加入微量或少量的溶剂，能使金属材料在该介质中的腐蚀速率降低甚至停止，同时还能保护金属材料原来的物理机械性能和化学性质。钼酸盐毒性非常低，可用于防腐化工。钼酸盐的防腐作用主要与在钢表面形成钝化膜有关，常用在空调冷却水和加热系统的构造中，防止低碳钢被腐蚀。

颜料属于大宗精细化学产品，有无机和有机之分。铬黄和镉黄为当今世界最常用无机黄颜料，但是铬、镉都有毒。钒钼铋黄颜料简称钼黄，是一种新型的无机颜料，具有无毒、无污染等优点。而含钼量为1%~10%的钼黄不仅无毒，还具有鲜艳的光泽，光、热稳定性也好，是一种很好的颜料，因而被用于墨水、塑料、橡胶产品及陶瓷中。钼酸盐防锈颜料为白色，具有较好的着色力和遮盖力，是现代无机颜料中的一个重要类别，常用作底漆和面漆[1,2]。

1.3.3　航空航天、军事工业

钼可用于火箭、导弹部件(如喷嘴、鼻锥等)，发动机的燃气轮片，冲压发动机喷管、火焰导向器及燃烧室等。宇宙飞船发射和返回通过大气层时，由于速度非常快，暴露于空气中的部件温度高达1482~1646℃，因而常用钼做蒙皮、喷管、火焰挡板、翼面及导向叶片等。钼还可用作充填炸药弹头的内衬，军事上叫作药型罩，这种弹头在军事和工业应用中可穿透和切削很深的深度[1,2]。

1.3.4 核工业

钼具有热中子捕获界面较小,有持久强度,对核燃料的性能稳定和可抵抗液体金属的腐蚀等特性,被广泛作为钼舟皿处理核燃料和用作核反应堆的结构材料,如隔热屏等[1]。

1.3.5 玻璃工业

钼在熔融的玻璃中抗腐蚀性能特别好,同时钼和熔融玻璃之间的反应产物是无色的,所以钼电极是生产玻璃纤维、钠钙玻璃和高鹏硅玻璃的常用电极,具有熔池温度均匀、玻璃污染小、玻璃无着色、无气泡、使用温度高、表面电流强度大、单位产出消耗少、使用性能稳定等优点,在电极市场中占有约20%的份额[1]。

随着高端平板玻璃、高透光率玻璃、无着色玻璃、光学玻璃的使用越来越广,玻璃窑炉对钼电极的需求越来越高,对钼电极的质量要求也不断提高。

1.3.6 医学领域

钼是人体必需的微量元素之一,也是多种酶的组成部分,在机体的主要功能是参与硫、铁、铜之间的相互反应。适量的钼能够促进人体发育,抑制肿瘤,维护心肌的新陈代谢,保护心肌。人体缺钼会导致龋齿、肾结石、克山病、大骨节病、食道癌等疾病。钼也被用于医药中,如钼酸铵就主要用于长期依赖静脉高营养的患者。钼与钛形成的微孔结构医用钛钼合金,是优良的硬组织修复和置换材料,具有生物相容性好、力学性能佳、与人体硬组织弹性模量相匹配等优点。钼靶还常用于 X 射线检查中。钼靶产生的 X 射线波长较长、穿透能力弱,大多被软组织吸收,能使人体软组织中的细微结构和小病灶清晰成像。钼靶 X 射线检查已成为诊断乳腺病最有效、最可靠的手段之一。

1.3.7 农业领域

钼也是植物体内必需的“微量元素”之一,缺钼会影响植物正常生长。钼不仅能促进植物对磷的吸收,还能加速植物体内醇类的形成与转化,提高植物叶绿素和维生素丙的含量,提高植物的抗旱、抗寒及抗病能力。由于钼对植物的重要性,很多国家已开始生产和使用含钼的微量肥料。

1.3.8 电子行业

钼及钼合金溅射靶材是钼行业的新兴、高端产品。近年来,钼溅射靶材在电子行业得到了较大的应用。由于钼具有诸多的优点,其加工制成的钼溅射靶材,已广泛应用于电子部件和电子产品,如 TFT-LCD(薄膜半导体管-液晶显示器)、等离子显示器、场发射显示器、触摸屏，另外还可用于太阳能电池的背电极、玻璃镀膜等领域[5-11]。TFT-LCD 是当前的主流平面显示技术，其市场份额占到显示面板市场份额的 80%以上[12]。金属铬曾经是 LCD 显示面板配线的首选材料，但随着超大型、高精度 LCD 显示屏的迅速发展，对材料的比阻抗提出了更高的要求。此外，还要兼顾环保的要求。而钼薄膜的比阻抗和膜应力仅为铬的 1/2，且具有良好的环保性能，不会污染环境，因此，金属钼已成为 LCD 显示屏用溅射靶材的最佳材料之一[13]。在微电子基片集成电路中，逐渐用钼薄膜代替了原来的金属铝，作为低电阻布线材料，从而解决了电漏泄和铝膜的退化等疑难问题。

近年来，随着人们对清洁能源的需求越来越强烈，太阳能电池由于无污染及取之不尽、用之不竭等优势，逐渐成为清洁能源的主力军，尤其是铜铟镓硒（CIGS）等薄膜太阳电池，由于成本低、工艺简单及无污染，成为最有前景的太阳能电池之一。钼金属薄膜由于其热稳定性高、机械强度大、导电性能好、在高温生长时相对稳定、与玻璃基底和吸收层之间有良好的结合性，以及与吸收层之间的接触电阻很低，成为薄膜太阳能电池背电极的最佳候选材料[14-19]。

1.4　钼粉制备技术

钼粉是制备钼靶材的原材料，钼粉的质量如纯度、形貌、粒度及粒度分布、松装密度等对钼溅射靶材的组织有很大的影响，进而影响其性能[20-24]。

钼粉的制备技术主要分为：传统钼粉的制备、纳米钼粉的制备、球形钼粉的制备等。

纳米粉体具有比表面积大、能增强界面原子和分子的化学活性以及高的吸收能力等独特的特点，会显著改变材料的物理、机械和化学性能[25-27]。纳米钼粉常温下在空气中的稳定性很好，烧结活性高。纳米钼粉与微米级钼粉相比，可以在温度低得多的条件下烧结成高密度的纳米结构材料，这可以避免晶粒的粗化[28-30]。因此，近年来纳米钼粉的制备得到了广泛的关注。纳米钼粉可以作为生产纳米结构的工具钢、$MoSi_2$ 等的原材料[31,32]。纳米钼粉因其自身独特的性能，因此成为了钼粉制备的热点之一。目前，纳米钼粉的制备主要在实验室研究阶段，制备方法主要集中在机械活化、熔盐辅助、锌热还原等方面。

球形钼粉的松装密度大，流动性得到大大改善，用球形钼粉喷涂得到的涂层更加致密、均匀，其耐磨性也得到显著提高。因此，球形钼粉在热喷涂领域得到了广泛的应用[33]。此外，球形钼粉也可用于堆焊、触头材料制备等领域[34]。

纳米钼粉和球形钼粉由于其自身的性能，主要应用在某些特殊领域。应用最广泛的还是传统方法制备的钼粉。传统的钼粉制备方法是用氢气还原钼酸铵或氧化钼得到钼粉[35-40]。目前钼粉制备方法使用最广泛的还是氢气还原法。该方法具有成本较低、容易进行规模化生产、制备的钼粉纯度高等优点,一般粒径在微米级。工业上生产钼粉一般以钼酸铵为原料,包括二钼酸铵、四钼酸铵、七钼酸铵、十二钼酸铵等,国内大多数钼加工企业主要以二钼酸铵和四钼酸铵为原料。氢气还原法制备钼粉的工艺路线有 3 种,见式(1.1)、式(1.2)、式(1.3)。

$$钼酸铵 \xrightarrow{\text{焙解}} MoO_3 \xrightarrow{H_2\text{还原}} MoO_2 \xrightarrow{H_2\text{还原}} Mo \tag{1.1}$$

$$钼酸铵 \xrightarrow{H_2\text{还原}} MoO_2 \xrightarrow{H_2\text{还原}} Mo \tag{1.2}$$

$$钼酸铵 \xrightarrow{H_2\text{还原}} Mo \tag{1.3}$$

钼酸铵经过焙解得到 MoO_3,该过程一般在回转管式炉中进行,焙解温度一般在 550~650℃,MoO_3 再经过两步氢还原得到钼粉;或钼酸铵直接一步氢还原得到 MoO_2,MoO_2 经过二步氢还原得到钼粉;或钼酸铵直接经过氢气还原得到钼粉。还原过程一般在马弗炉中进行,第一阶段还原温度一般在 450~550℃,第二阶段还原温度一般在 850~950℃。钼粉的质量主要取决于钼酸铵的结构和性质以及还原工艺参数的控制,如还原温度、氢气流量、氢气露点、推舟速度、料层厚度等。

近年来,传统钼粉制备的研究主要集中在动力学和还原机理方面[41-56]。许多研究者对 MoO_3 还原为 MoO_2 以及 MoO_2 还原为钼粉的机理和动力学进行了研究。Słoczyński[42]的实验结果证实了自催化反应模型(the consecutive autocatalytic reaction model,CAR)的正确性,即 MoO_3 还原为 MoO_2 是一个连续反应,Mo_4O_{11} 是中间产物。Ressler 等[55]的研究表明,在温度低于 698K 时,MoO_3 的还原是一个一步过程($MoO_3 \rightarrow MoO_2$),而温度在 698K 以上时,可以观察到 Mo_4O_{11} 的生成。Schulmeyer 和 Ortner[45]研究了氢气还原 MoO_3 的机理,发现 MoO_3 经化学气相迁移呈现 $MoO_3 \rightarrow Mo_4O_{11} \rightarrow MoO_2$ 的反应路径,形成的 Mo_4O_{11} 和 MoO_2 的尺寸分布和形貌随 H_2O 的分压不同而不同。Dang 等[53]建立了分析 $MoO_3 \rightarrow MoO_2$ 还原过程的双界面反应模型,得出还原反应 $MoO_3 \rightarrow Mo_4O_{11}$ 的速率控制步骤是界面化学反应,而还原反应 $Mo_4O_{11} \rightarrow MoO_2$ 的速率控制步骤是随温度而变化的。Schulmeyer 和 Ortner[45]还研究了 MoO_2 在两个极端局部露点处被氢气还原为 Mo 的机理,发现两种不同的反应途径:低露点处为假晶转变,高露点处为化学气相迁移(chemical vapor transport,CVT)。Majumdar 等[43]在 898~1173K 温度范围内对 MoO_2 与 Mo 的等温还原反应进行了研究,发现动力学方程服从 Johnson-Mehl-Avrami-Komolgorow(JMAK)模型,相应的活化能为 136kJ/mol。Dang 等[56]在等温和非等温条件下对 MoO_2 还原为 Mo 进行了研究,提出了分析反应动力学的新模型,并指出了 MoO_2 的氢气还原过程在反应界面受化学反应控制,活化能为 90.6~

92.5kJ/mol。虽然已有许多相关的研究报道，但是 MoO_3 还原为 MoO_2，MoO_2 还原为 Mo 的机理和动力学研究仍然是一个长期争论的问题。

钼酸铵包括二钼酸铵、四钼酸铵、七钼酸铵、十二钼酸铵等，均为生产金属钼粉的原材料，钼酸铵的质量与钼加工过程是否能够顺利进行、其中间产品和最终产品的性能密切相关。$(NH_4)_2Mo_4O_{13} \cdot 2H_2O$ 是一种亚稳态的晶体，在其生产的过程中，晶体结构随着生产工艺条件的变化发生相应的变化，产生 α 型和 β 型两种不同的晶体结构。α 型 $(NH_4)_2Mo_4O_{13} \cdot 2H_2O$ 在热分解过程中，有中间化合物和钼酸铵生成；β 型 $(NH_4)_2Mo_4O_{13} \cdot 2H_2O$ 在热分解过程中，会直接分解成 MoO_3，没有中间化合物生成，因此有利于还原。β 型 $(NH_4)_2Mo_4O_{13} \cdot 2H_2O$ 的形貌复杂且松装密度小，用这种原料生产出的钼制品其深加工性能非常优越，因此，在生产中，希望得到 β 型四钼酸铵，而 α 型四钼酸铵的含量应控制在最低水平，从而使钼制品的质量得到提高。

1.5　纯钼热变形行为

钼的高温性能虽然比较好，但在高温下使用过后的钼制品，在回到室温附近时会表现出非常严重的脆性。在以后的加工和使用过程中会产生各种各样的脆性破裂，即低温脆性现象。这种现象的产生主要取决于两个方面，一方面是因为钼的本征脆性，另一方面是由于间隙杂质元素如 C、N、O 等在晶界上偏聚导致脆性的产生。

钼的晶体结构为体心立方，其最密晶面和最密晶向分别为 ｛110｝晶面族和 〈111〉晶向族，虽然其交滑移比较多，但由于孪生变形使得不同晶粒间的变形也很难进行协调，导致一些滑移系难以开动。此外由于钼的电子层分布不对称，造成原子结合力具有一定的方向性。要使位错滑移能够顺利起动，必须克服较大的点阵阻力。又因为位错会在不同的晶面上发生分解，所以位错在任一滑移面上开启滑动之前，首先必须进行束集。当温度比韧脆转变温度低时，很难使位错束集，此时的断裂强度低于屈服强度，导致脆性断裂的产生；当温度比韧脆转变温度高时，位错束集比较容易构成，位错滑动较易进行，此时屈服强度低于断裂强度，发生韧性断裂。

另外对钼的脆性产生很大影响的原因是间隙杂质元素的存在。左铁镛等[57]通过俄歇分析手段研究了烧结钼的断口，发现钼脆性产生的原因是 O、C、N 等杂质元素在晶界明显富集。Kumar 与 Eyre[58]通过研究发现：钼的晶间断裂是由于 O 在晶界上的偏聚所致，而氧在晶界上的偏聚会受到 C 的抑制。Ortner[59]、Olds[60]等的研究表明，C、N、O 等元素在钼中的溶解度非常小，这些元素一般会以碳化物、氮化物、氧化物等沉淀在晶界、亚晶界和位错等缺陷的周围，不但会削弱晶界的强度，还会由于位错的运动产生各种障碍导致裂缝的形成，使钼出现典型的低温脆性。

近年来，随着耐高温材料需求的增多，国内外学者已开始对材料高温变形行为和材料的性能进行了一些研究。

材料在热变形过程中会受到变形温度、应变速率、变形量等因素的影响，发生加工硬化和再结晶软化等行为。材料的热变形过程其实就是加工硬化、动态回复和再结晶软化等过程的叠加，该过程可通过应力应变曲线进行分析。图 1.1 即为热变形所对应的应力-应变曲线[61]。

在材料热变形过程中，随着变形的进行会发生加工硬化和软化，材料内部晶格畸变能不断增加，材料会发生回复、再结晶及晶粒长大，金属内部组织也会发生相应变化，原始的等轴晶粒被压缩拉长、破碎、新生晶粒生成并长大等，而材料组织的变化会对材料的性能产生直接的影响[62]。材料热变形过程中微观组织的变化如图 1.2 所示。

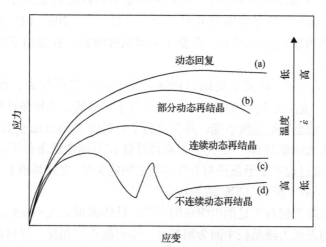

图 1.1　四种典型的应力-应变曲线[61]

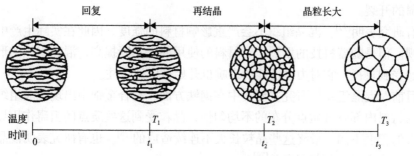

图 1.2　材料热变形过程中微观组织的变化[62]

Meng 等[63]研究了纯钼的高温热变形行为，变形温度 700～870℃，应变速率 0.0005～0.02s^{-1}。通过真应力应变曲线揭示了加工硬化的特征，在高应变速率下加工硬化起主要作用。Primig 等[64]研究了加热速率对纯钼动态再结晶的影响，发现在较低的加热速率下预回复会促进再结晶的发生，因此降低加热速率，再结晶的体积分数会相应增加。Primig 等[65]还研究了在 $0.5T_m$（T_m 为熔点）下热变形后纯钼的静态再结晶行为，发现在热变形和退火后，钼的再结晶组织和织构主要取决于亚晶的择优取向生长而不是形核过程，形核主要在动态回复时发生。Worthington 等[66]研究了钼的动态异常晶粒长大，发现只有当温度超过 1440℃，达到临界塑性应变之后动态异常晶粒长大现象才会发生。Primig 等[67,68]研究了钼在热轧变形量为 60%、热处理温度为 1000～1300℃时的动态回复和静态再结晶过程中的组织和织构的演变，揭示了在热变形和退火过程中织构的形成机理。

东北大学的冯雪[69]采用单道次热模拟实验，研究了钼合金的动态软化行为。李付国等通过等温热压缩实验研究了粉末冶金钼的高温热变形行为[70]，变形温度为 900～1450℃，变形速率为 0.01～10s^{-1}，发现在 1200～1450℃，粉末冶金钼会发生动态再结晶软化现象，流变应力对温度敏感，在低温下形变强化是主要的强化机制。

东北大学张威[71]研究了烧结态钼镧合金的高温变形行为，在变形温度为 900～1500℃，应变速率为 0.004～1s^{-1} 的条件下，分析了变形条件对流变应力的影响，计算了动态再结晶激活能，并且得到了修正的 Arrhenius 公式。

合肥工业大学的汪洋[72]研究了钼粉烧结体在不同变形条件下的压缩变形行为，分析了压缩过程中变形条件与力学性能之间的关系。在此基础上，使用 Deform 3D 软件进行模拟分析，与实验结果吻合性较好。

混晶组织属于材料常见的组织缺陷[73,74]，具体表现为大小晶粒共存、分布形态不同。有的表现为细晶粒中间为粗晶粒，也可能正好相反。材料出现这种缺陷将降低其力学性能，特别是材料的塑性[75,76]。粗晶组织的变形抗力比细晶组织的小，因此这种材料在发生塑性变形时，裂纹很容易在晶粒的交界处产生，从而造成材料的开裂。

有研究表明[77]，混晶组织不会严重影响材料的强度，因此在实际生产中往往被忽视。但是随着科技的发展，对材料的使用要求不断提高，混晶组织的形成机理开始受到重视，它对力学性能的影响也开始被广泛关注。

目前对混晶组织的研究主要集中在钢铁方面。高合金钢中出现混晶组织一般是因为材料内部弥散质点分布的不均匀性，晶粒受到这些质点的阻碍作用导致它们长大的程度不同，最终这些晶粒长大不连续造成的[78]。也有研究表明混晶组织的形成与热变形工艺制度有关[79]。

1.6 CuIn(Ga)Se(CIGS)薄膜太阳能电池的结构

太阳能电池根据所用材料的不同可以分为硅基太阳能电池、多元化合物薄膜太阳能电池等。其中硅基太阳能电池由于制备成本较高、稳定性较差，直接影响其推广与在现实生活中的应用，有逐渐被化合物薄膜太阳能电池替代的趋势。硫化镉、碲化镉等化合物薄膜太阳能电池虽然制备工艺简单、效率高、成本低，但是因为金属镉有剧毒，会对环境造成严重的污染，所以并不是硅基太阳能电池最理想的替代产品。砷化镓(GaAs)Ⅲ-Ⅴ化合物薄膜太阳能电池其光电转换效率最高可达 28%以上，并且抗辐照能力很强，对热不敏感，所以特别适合制造高效的单结太阳能电池。这种太阳能电池在航空航天中已经得到了应用，但是因为 GaAs材料价格太贵，所以大大限制了 GaAs 太阳能电池在现实生活中的普及。CIGS 太阳能电池吸收系数高且没有光致衰退，特别适合制备光伏太阳能电池，其光电转换效率和多晶硅太阳能电池基本一致，同时由于具有制备成本低廉、薄膜性能稳定、制备工艺简单并且可实现大规模生产等优势，有替代硅基太阳能电池的趋势，随着制备工艺的不断改进，将会成为今后薄膜太阳能电池发展的一个重要方向。

以 CIGS 为基础的太阳能电池已经成为最有前途的高效率低成本的薄膜太阳能电池候选产品之一，CIGS 太阳能电池的结构如图 1.3 所示，主要有衬底、背电极、吸收层、缓冲层、窗口层和顶电极组成，即 SLG/Mo/CIGS/CdS/i- ZnO/ITO/Al的结构。

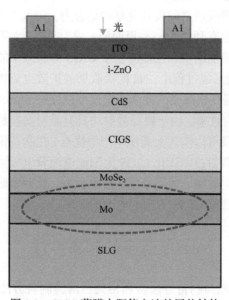

图 1.3 CIGS 薄膜太阳能电池的层状结构

衬底：钙钠玻璃（简称 SLG）由于和钼背电极薄膜有类似的膨胀系数，在后续的处理过程中，钼薄膜不容易脱落；另一方面钙钠玻璃中含有钠离子，可以通过钼薄膜进入 CIGS 吸收层，特别利于吸收层的生长，可以提高太阳能电池的效率[80]，因此目前效率较高的 CIGS 薄膜太阳能电池都以钙钠玻璃作为衬底材料。

背电极：钼薄膜由于优异的导热、导电、化学稳定性，以及与钙钠玻璃和 CIGS 吸收层之间良好的结合性能，且和吸收层之间形成的 $MoSe_2$ 有利于太阳能电池效率的提高，是 CIGS 太阳能电池背电极的不二选择[81-83]。

吸收层：CIGS 薄膜是太阳能电池的吸收层，是电池的核心部分，起到吸收光并转化为电流的关键作用。

缓冲层：利用化学水浴法在吸收层上沉积的厚度约 50nm 的 CdS 薄膜作为 CIGS 太阳能电池的缓冲层，能降低 CIGS 吸收层与 ZnO 窗口层的晶格失配以及它们之间的带隙梯度，从而使吸收层得到有效保护。

窗口层：CIGS 薄膜太阳能电池的窗口层是由本征氧化锌(i-ZnO)薄膜和掺铟氧化锡(SnO_2:In)薄膜（简称 ITO）共同构成的。ITO 薄膜由于具有很高的透射率（一般都在 90%以上）和良好的导电性（电阻率约为 $2 \times 10^{-4}\Omega \cdot cm$），成为窗口层的理想选择。

顶电极：Al 由于导电性好并且价格低，成为 CIGS 太阳能电池顶电极的常用材料。

每一层材料的结构和性能都和整个太阳能电池的光电转换效率密切相关，在 CIGS 太阳能电池装置中，钼由于电阻率低，在 CIGS 薄膜高温生长过程中相对稳定，且在玻璃衬底与吸收层之间具有良好的结合力，以及在 CIGS 吸收层与钼层的界面形成对太阳能电池有利的 $MoSe_2$ 界面层，成为 CIGS 太阳能电池背电极的不二选择[84]。所以，钼薄膜的结构和性能对整个 CIGS 薄膜太阳能电池的综合表现至关重要。在 CIGS 薄膜的形成过程中，Na 向吸收层的扩散也依赖于钼背触电极薄膜的沉积条件[85]。因此，提高钼薄膜的性能不仅仅可以促进 $MoSe_2$ 层的生长，还能够提高 CIGS 太阳能电池的效率。由于磁控溅射法具有溅射参数易调节、沉积速率快、沉积的薄膜均匀性好及可以实现大面积生产等优点，在制备钼薄膜方面极具应用前景。因此，通过磁控溅射技术优化 CIGS 太阳能电池背电极用钼薄膜的制备工艺，能够获得晶粒分布均匀致密、表面平整、导电性好、接触电阻低、与基底结合性好的金属钼薄膜，从而提高 CIGS 太阳能电池的效率。

1.7　薄膜的制备方法

薄膜的结构和性能与制备方法密切相关，薄膜制备方法主要分为两大类：化学气相沉积法和物理气相沉积法。化学气相沉积法的原理主要是利用原子、分子间的化学反应将生成的气态反应物沉积到衬底上从而形成固态薄膜。化学气相沉积主要有光化学气相沉积、等离子体增强化学气相沉积等[86,87]。物理气相沉积法的原理是利用物理过程将需要制备的材料通过热蒸发或溅射等方法制备成薄膜，主要有真空蒸发、磁控溅射、激光脉冲沉积等[88-90]。每种镀膜技术都有各自的优缺点，尤其是随着电子元器件逐渐向小型化、轻便化发展，根据不同的材料以及不同的应用范围选择合适的镀膜技术，以实现材料性能的最优化。

1.7.1 真空蒸发法

真空蒸发法是在真空条件下，通过加热原材料，使其原子或者分子气化后逸出，随后在衬底表面凝结成薄膜的方法。真空蒸发法具有工艺简单、易于控制、可以获得大面积薄膜的优点。但是存在薄膜的均匀性不易控制、杂质和缺陷较多、薄膜质量不太高及重复性差等缺点。

1.7.2 激光脉冲沉积法

激光脉冲沉积法(PLD)是在高真空条件下，利用高功率的激光聚焦到靶材上，靶材表面在短时间内被加热到高温，表面的物质被气化从而形成高温高压的等离子体，最后沉积到衬底上生长成膜。激光脉冲沉积法具有对复杂成分的化合物同速沉积成膜、沉积速率高、重复性好及可制备高纯度薄膜等优点。但是由于设备昂贵、难以实现大面积生产等缺点，使得该方法不适合大面积推广，很难应用到工业化生产中。

1.7.3 溶液镀膜法

溶液镀膜法是指通过喷涂法或浸涂法将待镀的材料溶液均匀地涂覆于加热的衬底上，使喷涂或浸涂上的溶液发生水解反应，从而形成薄膜。溶液镀膜法主要包括溶胶-凝胶法、浸涂法和热解喷涂法等[91-93]。溶液镀膜法具有制膜成分均匀、工艺易调、设备简单、可以大面积生产及成本低廉等优点。但是存在薄膜厚度均匀性不易调控、制备薄膜质量不高、电阻率高及衬底要经过高温处理等缺点。

1.7.4 化学气相沉积法

化学气相沉积法(CVD)是通过把需要制备薄膜的各种反应物，借助加热、激光、紫外或者等离子体等能源气化，在衬底表面通过化学反应生成薄膜的一种制备方法。按照工作压强，化学气相沉积法可分为低压化学气相沉积法和常压化学气相沉积法；按激活能源方式不同，分为等离子体化学气相沉积法、光化学气相沉积法、热化学气相沉积法和电子回旋共振化学气相沉积法等。用化学气相沉积法制备的薄膜均匀致密、性能稳定。但用化学气相沉积法制备薄膜时所需的衬底温度都很高，一般都在 600℃以上，所以很多薄膜衬底材料的选择都受限。

1.7.5　磁控溅射法

磁控溅射现象是格波夫 1842 年在实验室中发现的，但是在 20 世纪 80 年代才开始被广泛应用于实验室和工业化生产中，从而促进了集成电路、信息存储、液晶显示器、电信产业等开始进入快速发展阶段。近几十年来磁控溅射技术更是取得了飞速的发展，目前应用磁控溅射技术制备薄膜材料已经成为全球研究新材料的一大热点。

磁控溅射法就是在高真空的环境，通过高频高压的电场作用，对惰性气体进行电离，在阴极和阳极之间通过辉光放电，产生出具有较高能量的粒子流，这些具有较高能量的粒子轰击位于阴极上的溅射靶材，靶材上面的原子或者分子由于碰撞而获得了很高的能量，从而可以脱离材料内部对它的束缚，从原子表面逸出，形成气相原子或者分子，通过电场中时与氩离子碰撞，动能逐渐减小，最后沉积到上面的衬底上，从而形成均匀致密的薄膜。由于磁控溅射法不受材料限制，无论是导体、半导体还是绝缘体，都能通过磁控溅射方法来制备薄膜，所以磁控溅射法成了制备薄膜中最受欢迎的一种制备方法。

1.8　钼靶材的影响因素

制备性能优异的薄膜，除了优化制备工艺以外，还有一个重要的前提，那就是首先要制备出性能良好的靶材，所以靶材是制备性能良好的薄膜最重要的前提和关键因素。目前全球的靶材制造商都在投入大量人力物力研发靶材。在制备靶材过程中，可以通过优化靶材制备工艺制备性能良好的靶材。经大量实践证明，钼靶材性能指标对钼薄膜的影响因素主要包括以下几个方面：纯度、致密度、结构的均匀性与结晶取向、晶粒尺寸的大小等。

1.8.1　纯度

钼靶材的纯度对用磁控溅射法制备的钼薄膜性能影响很大。靶材的纯度要求在 99.95%以上，并且靶材的纯度越高，溅射的钼薄膜中杂质元素粒子的含量就越少，制备薄膜的性能就越好。不过在实际制备和应用中，靶材用途不一样，对靶材纯度要求也不一样。对于一般装饰材料镀膜时，对靶材纯度要求不是很高，但是如果应用在集成电路、电子显示器件等领域，对钼靶材纯度就提出了很高的要求。钼靶材在磁控溅射过程中，是作为阴极使用的，所以靶材中的杂质元素粒子以及气孔夹杂是磁控溅射沉积钼薄膜的主要污染来源。靶材中的气孔夹杂在制成的铸锭无损探伤过程中基本可以去除，没有去除掉的气孔夹杂在磁控溅射过程中会产生尖端放电现象，简称弧光放电现象，从而影响制备钼薄膜的质量。

1.8.2　致密度

为了减少靶材中气孔和空隙，提高用其溅射的钼薄膜的光电性能，要求溅射用钼靶材具有较高的致密度。一般接近理论密度 $10.2g/cm^3$。钼靶材的致密度一是会影响用其溅射的钼薄膜的致密度；二是靶材致密度越高，单位时间内溅射出的钼粒子数就越多，溅射速率就越高，弧光放电现象出现的概率就越少，所以制备的薄膜光电性能就越好。靶材致密度的高低主要取决于靶材的制备工艺。按照一般的规律，熔融铸造法制备的靶材致密度较高，而用粉末冶金法制备的靶材致密度则相对较低。因此粉末冶金烧结法制备钼靶材的关键技术之一就是提高靶材的致密度。姚力军等[94]采用多次致密度处理，可以制备出全致密度的靶材。

1.8.3　结构的均匀性

靶材质量好坏的一个重要指标就是其结构均匀性的好坏。对于钼靶材不但要求靶材的溅射平面平整，而且要求溅射面的法向方向成分和平均晶粒度都要均匀、晶粒取向单一。只有这样，在钼靶材的使用过程中，在同样的溅射条件下才能够得到厚度均匀、空隙和空洞较少、晶粒大小分布均匀的钼薄膜。

1.8.4　结晶取向

金属钼是体心立方结构，(110)面为其密排面，在溅射时钼靶材中的原子容易沿着最紧密排列方向优先溅射出来。所以，如果靶材溅射面上大部分晶粒都具有晶体密排面取向，那么靶材溅射面上就具有更高的原子密度，在受到阳离子轰击时单位时间内容易有更多的靶材原子被溅射出来，会带来溅射速率的提高。因此，为达到最高溅射速率，可通过改变靶材结晶结构的方法来提高溅射速率。采用不同成型方法和热处理工艺生产的靶材晶粒取向略有不同，钼靶材的结晶方向对溅射薄膜厚度均匀性影响较大。所以，可以通过不同的制备方法和工艺来改变靶材的结晶取向，从而满足不同用途的需求。

1.8.5　晶粒尺寸

一般钼靶材为多晶结构，晶粒大小都在 50μm 左右，由于晶粒越小晶界越多，溅射面上的晶界密度就越大，位于晶界处的粒子由于处于更高的应力畸变状态，再加上晶界能的存在使其具有更高的能量，能量不稳定，所以在相同溅射条件下最先被溅射出来，晶粒越小的靶材，溅射速率就越高，并且靶材的晶粒大小分布越均匀，晶粒大小相差越小，溅射沉积的钼薄膜的厚度均匀性就越好[95]。刘仁智等[96]对不同结构的靶材进行了溅射钼薄膜的研究，结果发现靶材 90%以上的晶粒尺寸都小于 50μm 时制备的钼薄膜结构和性能都很好，所以靶材的晶粒越小、分布越均匀，溅射的钼薄膜结构和光电性能就越好。

因此进行钼靶材制备与用其溅射的钼薄膜性能之间关系的研究，既有利于获得更好满足应用需求的钼薄膜，又有利于提高钼靶材质量，从而促进靶材生产企业健康快速发展。

1.9　靶材制备工艺与薄膜性能之间关系

用于磁控溅射的钼靶材制备方法主要包括熔融铸造法和粉末冶金法，一般情况下用熔融铸造法制备的靶材性能要优于粉末冶金法，熔融铸造法制备的靶材杂质含量少、致密度高，但是由于制备条件比较严格，制造成本提高，所以在企业实际生产中使用最多的还是粉末冶金法。

薄膜的制备方法主要有溶胶-凝胶法、磁控溅射法、化学气相沉积法、粒子束沉积法、真空蒸镀法等，磁控溅射法制备的钼薄膜溅射速率快、均匀性好、可大面积沉积、薄膜沉积时基底温升低、仪器的溅射参数容易调节、制备成本低，并且各种材料都可以用磁控溅射法制备，所以磁控溅射法应用范围非常广泛，尤其是高温难熔的金属材料。所以在制备钼薄膜时使用最多的就是磁控溅射法。

要制备性能优异的钼薄膜，需有纯度高、致密度高、晶粒分布均匀的钼靶材为前提。为制备出晶粒大小均匀、各向同性并且致密度高的靶材，科研工作者进行了靶材制备工艺和靶材结构以及钼薄膜结构和性能关系的研究。刘仁智等[96]针对 4 种组织差异较大的钼靶材，对其在相同条件下溅射的薄膜形貌、晶向及电学性能等方面的影响进行了研究。结果表明，靶材的组织对溅射钼薄膜的表面及截面形貌以及钼薄膜的晶粒取向影响较小，钼靶材的组织结构越均匀、晶粒越小，制备薄膜时沉积速率就越高，相应钼薄膜的方阻就越小，厚度均匀性就越好，导电性就越好，靶材的利用率也就越高。西安交通大学的张国君等[97]研究了靶材的热处理温度对相同条件下制备钼薄膜结构和性能的影响，结果表明，所制备的钼薄膜随着靶材退火温度的增加均呈现(110)晶面择优取向，且(110)晶面的取向程度随着退火温度的增加而逐渐增加。经 1200℃退火处理的靶材溅射速率和薄膜厚度均匀性以及导电性都很好。刘仁智等[13]研究了靶材轧制变形量以及退火温度对用其制备的钼薄膜结构和性能的影响，结果表明用 80%轧制变形量靶材溅射的钼薄膜(110)晶面取向最强，结晶性最好，导电性最优。对靶材进行不同温度的退火处理，结果表明随着退火温度的增加，靶材的晶粒尺寸逐渐长大，经过 1100℃退火处理的靶材晶粒大小均匀，溅射的钼薄膜晶粒大小均匀致密，粗糙度低并且黏结性好。Chen 等[98]研究了靶材轧制工艺对靶材的结构以及用其溅射的钼薄膜的影响，结果表明用轧制态的靶材溅射的薄膜比用经过再结晶靶材溅射的薄膜溅射速率高，制备薄膜的性能更好。

1.10 钼薄膜的研究现状

由于钼薄膜具有导电、导热以及耐腐蚀等优异的性能，所以在液晶显示器、集成电路以及太阳能电池等诸多领域均有广泛的应用。随着世界能源的日益紧缺和人们环保意识的增强，太阳能电池的研究应用已经成为世界各国的研究热点，所以钼薄膜作为太阳能电池的背电极引起了许多科研工作者的关注。目前太阳能电池的主要缺点是光电转换效率低、稳定性差和制造成本高，而要提高太阳能电池的光电转换效率，必须从组成太阳能电池的每一层材料入手，钼薄膜作为太阳能电池的背电极，其表面形貌、结构和光电性能都会对用其制备的太阳能电池产生直接的影响。所以科研工作者对钼薄膜进行了大量的研究，主要研究了磁控溅射的各个工艺参数如：溅射的气压、功率、溅射方式和热处理以及衬底材料等各个方面对钼薄膜结构和性能的影响。

1.10.1 溅射气压和功率

Yoon 等[99]在 3.3~10mTorr①制备了钼薄膜并研究了气压、钼薄膜微结构和残余应力以及电学性能之间的关系。在低于 7mTorr 的区域，张应力及钼薄膜的电阻率随着溅射气压的增加逐渐增加，但是在高于 7mTorr 的区域，张应力减小但电阻率剧烈增加。钼薄膜的这些性能变化可以归因于晶粒尺寸的变化：晶粒尺寸减小，增加了晶界散射，所以载流子迁移率减小，而且通过晶界(gb)散射的原子引力增加，张应力增加。相反在高溅射气压区，钼薄膜中的孔隙剧烈增加，并且这些孔大部分都是沿着晶界出现的，因此这些孔洞的出现减少了晶界的吸引，从而使张应力减小和载流子散射增强。Li 等[100]使用直流磁控溅射法制备了钼薄膜，系统研究了溅射气压和功率对钼薄膜结构和性能的影响。当溅射功率从 1kW 增加到 3kW 时，钼薄膜的结构和电学性能都得到了提高。另一方面，随着溅射气压的增加，钼薄膜的导电性逐渐减弱，但是黏结性逐渐增强。为了得到优化的钼薄膜作为 CIGS 太阳能电池的背电极，制备了双层钼薄膜。第一层为了获得较好的黏结性，用 12mTorr 的高压溅射，第二层，为了得到较好的导电性，使用了 3mTorr 的低压溅射。Wu 等[101]研究了溅射气压对直流磁控溅射法制备钼薄膜结构和性能的影响，结果表明钼薄膜均表现出 (110) 晶面择优取向，在低压溅射的钼薄膜导电性好但黏结性差。随之制备了双层钼薄膜，第一层用 10mTorr 的高压溅射，第二层用 2.5mTorr 的低压溅射，制备的双层钼薄膜电阻率为 6.7μΩ·cm，以优化工艺制

---

① 1Torr=1mmHg=1.33322×10^2Pa。

备的钼薄膜为电极制备了 CIGS 太阳能电池，效率为 10.40%。Pethe 等[102]研究了功率和气压对钼薄膜的影响，在高功率和低气压下沉积的薄膜往往具有很好的导电性。然而，由于薄膜处于压应力，所以这种薄膜的黏附强度较差。在低功率和高气压下沉积的薄膜容易受到张应力的影响，表现出较高的粗糙度和电阻率，而薄膜与钙钠玻璃衬底的黏附性很强。因此，为了获得良好的黏附性和较好的导电性，双层以及多层钼薄膜的沉积技术被广泛应用。然而沉积多层钼背电极，如果使用单个钼靶，则沉积时间会延长，如果使用多个钼靶，则溅射痕迹会增加，从而导致总生产成本增加。通过实验研究了溅射气压、溅射功率和靶基距对钼薄膜性能的影响，最终确定一种既具有良好黏附性又具有较好导电性的单层钼薄膜的沉积工艺参数。Chavan 和 Chaure[103]通过改变溅射功率，可以控制钼薄膜的择优取向生长。对于(110)面和(211)面反射获得的纹理系数表明，在功率小于等于120W 时，钼层优先沿(110)面生长，当功率在 200W 及以上时，沿着(211)晶面择优取向生长。对于在较高沉积功率下生长的钼薄膜，观察到电阻率明显降低。从原子力显微镜(AFM)图像中观察到了均匀、无空隙和良好黏结性的钼薄膜。与沉积在 80W 的样品相比，460W 生长的样品载流子迁移率增加了近 80%。Kashyout等[104]研究了溅射功率、溅射时间和衬底温度对钼薄膜结构和性能的影响，结果表明，随着以上三个参数的增加，钼薄膜的导电性增加，在研究范围内钼薄膜表现出沿着(110)晶面的取向性。随着衬底温度的增加，钼薄膜和玻璃衬底的黏结性增加。Su 等[105]在钠钙玻璃衬底上用直流磁控溅射方法通过调整各种沉积参数，如溅射功率(52～102W)、工作距离(5.5～9cm)和退火温度(26～400℃)，沉积了低电阻率和高黏结性的钼薄膜。

1.10.2　溅射方式

磁控溅射的方式有两种，直流磁控溅射(DC)和射频磁控溅射(RF)。溅射方式不同，制备的钼薄膜结构和性能也有一定的差别[106-108]。Jubault 等[109]分别用射频和直流磁控溅射法制备了钼薄膜，并研究了功率对两种不同溅射模式下制备的钼薄膜的结构和性能的影响。结果表明，随着气压的增加，电阻率均增加，但射频增加的没有直流增加得快；随着功率的增加，钼薄膜的电阻率均减小，但射频模式制备的钼薄膜电阻率减小比较慢，同样条件下射频模式制备的钼薄膜反射率要高于直流模式制备的钼薄膜。Feng 等[110]分别用射频、直流及混合磁控溅射方式制备了钼薄膜。随着溅射气压和功率在内的溅射参数的改变，薄膜呈现出不同的表面形态和结晶度。在直流溅射模式中，薄膜的电阻率较低。在射频溅射模式下，薄膜获得了较好的反射率。随着溅射气压的降低，结晶性增强。结晶度和晶粒尺寸均随沉积功率的增加而增加。在直流模式下，当溅射压强为 0.1Pa、溅射功率为300W 时，单层钼薄膜的最低电阻率为 $3.4 \times 10^{-5} \Omega \cdot cm$。为了得到更低的电阻率、更好的黏附性及反射率，以不同的模式制备了双层薄膜和三层薄膜，均表现出良好的黏附性和导电性，以混合模式制备的钼薄膜具有较好的反射率。用 DC/RF 模式制备的钼薄膜的电阻率大约为 $6.5×10^{-5}\Omega·cm$，用 RF/DC/DC 模式制备的钼薄膜其电阻率大约为 $6.1×10^{-5}\Omega·cm$。用 RF/DC/DC 模式制备的多层钼薄膜比 DC/RF 模式制备的双层薄膜具有更好的反射率。用 RF/DC/DC 模式制备的三层薄膜比较适合用于 CIGS 太阳能电池的背电极。

1.10.3　热处理

Akcay 等[111]在不同衬底温度下用射频溅射法制备了钼薄膜，然后对其中的两个样品在氩气氛保护下进行退火，退火温度 500℃、退火时间 30min。研究发现，钼薄膜均表现出好的黏结性，并且都表现为(110)晶面取向，在 250℃沉积的钼薄膜在 400～1100nm 波长范围内平均反射率为 48.1%，并且探测到钠离子已经从钙钠玻璃扩散到了钼薄膜中，综合性能最优。Chelvanathan 等[112]研究了真空退火对直流溅射法制备钼薄膜结构和电学性能的影响。X 射线衍射(XRD)谱表明，所有真空退火的钼薄膜都存在(110)和(211)取向，但是，与显示择优取向变化的溅射薄膜相比，所有经真空退火的钼薄膜的 $I_{(110)}/I_{(211)}$ XRD 衍射峰峰强度比都降低。这表明可以采用真空退火来调整平行于衬底钼薄膜的原子堆积密度。表面形貌的图像清楚地显示出所有钼薄膜和预溅射薄膜一样具有致密的三角形颗粒，而在 350℃、400℃和 450℃退火的薄膜则显示出大米状颗粒。对 500℃退火的薄膜检测到具有不均匀的石头状颗粒，同时电阻率在真空退火条件下不敏感，这归因于所有薄膜的电阻率在 $3.0×10^{-5}$～$6.0×10^{-5}\Omega·cm$ 范围内。Placidi 等[113]研究了快速热处理(RTP)对 $Cu_2ZnSnSe_4$(CZTSe)太阳能电池用钼背电极的影响。结果表明，钼在 550℃退火 5min，不仅可以提高背电极的结晶质量，还有助于吸收层获得更高的晶体质量，并且具有更大的颗粒，减少通过异质结的电流泄漏，证明这与快速热处理时 CZTSe 吸收层的压应力释放有关。

1.10.4　衬底材料

Jörg 等[114]在聚酰亚胺(PI)柔性衬底上用直流磁控溅射法制备了钼薄膜，并研究了钼薄膜性能和溅射功率之间的关系。结果表明，随着溅射功率的增加，薄膜的应力由张应力向压缩应力转变，薄膜的残余应力与溅射功率之间有直接关系。所有钼薄膜在张应力时均表现出脆性断裂，临界裂纹起始应变与残余应力状态相关。原位同步辐射衍射实验能够表征断裂强度，断裂强度不受溅射功率影响，并且发现所有研究的钼薄膜断裂强度约为 1700MPa。Roger 等[115]在钛金属箔片衬底上溅射沉积了钼双层薄膜，通过在 0.27～4.00Pa 范围内调整溅射气压，改变了底部钼薄膜的形貌、电阻率、光学反射率和残余应力。顶部钼薄膜是在保持溅射压强为 0.13Pa 不变的前提下制备的。研究表明，与钼单层薄膜不同，使用钼双层薄膜可以控制 Mo/CIGS 界面的机械应力，但是不会降低钼背电极的光学反射率和导电性。同时发现底部钼薄膜的形态影响顶部钼薄膜的生长，从而导致背电极表面的形态发生改变，进而造成 CIGS 层的晶体取向发生变化。结果表明，所得到的太阳能电池特性随底层钼薄膜沉积气压的变化而有非常显著的变化。在 2.93Pa 生长的底部钼薄膜使得太阳能电池的转换效率比在 0.27Pa 沉积的底部钼薄膜提高了 1.5 倍。使用改进的钼双层背电极，在不添加钠和抗反射层的情况下获得了 10.0% 的最高太阳能电池效率。Bollero 等[116]通过直流磁控溅射法在柔性衬底上沉积了不同厚度的钼薄膜，用作柔性太阳能电池的背电极，研究了薄膜的形貌、电阻率和反射率随沉积参数和聚合物衬底厚度的变化规律。在 0.6Pa 溅射气压沉积的薄膜其电阻率最低，反射率最高。这些性能的演变强烈依赖于薄膜的微观结构。Ma 等[117]在高温下通过磁控溅射法在聚酰亚胺衬底上制备了钼薄膜，研究了溅射气压对钼薄膜生长速率、电阻率、微观结构和表面形貌的影响。研究表明，高温溅射在聚酰亚胺衬底上的钼薄膜在高效柔性 CIGS 太阳能电池制备中具有潜在的应用前景。Blösch 等[118]在不锈钢衬底上制备了不同钠含量的钼背电极，研究了钠含量对柔性太阳能电池效率的影响。Krüger 等[119]对在 TiO_2 衬底上制备的钼薄膜的结构和能量分布用第一性原理进行了研究。Dhar 等[120]研究了在钼片和钙钠玻璃上制备钼薄膜时溅射功率、气压和衬底温度对钼薄膜结构和电学性能的影响。Marcelli 等[121]采用射频磁控溅射法在蓝宝石衬底上制备了双层钼薄膜，探究了磁控溅射的频率对钼薄膜电阻率的影响，并对双层钼薄膜在不同温度进行了退火处理。结果表明，随着退火处理的进行，钼薄膜表面的电阻率发生了变化，钼薄膜的导电性几乎可以提高一倍。柔性基 CIGS 太阳能电池具有轻质、柔韧、耐碎等优点。然而，商用柔性 CIGS 太阳能电池和模块的性能远低于刚性玻璃基板上 CIGS 太阳能电池和模块，因此还需要进一步的研究和提高。

1.10.5　单层、双层和多层钼薄膜的制备

Khan 等[122]研究了溅射功率、溅射气压和衬底温度对单层钼薄膜表面形貌、残余应力及电学性能的影响。Huang 等[123]制备了多层钼薄膜，并对它们的性能进行了研究，目的是寻找一种对 CIGS 太阳能性能更好、更合适的钼薄膜。首先研究了溅射气压和薄膜厚度对钼薄膜电学性能、微观结构和应力的影响。结果表明：第一，随着溅射气压的降低或薄膜厚度的增加，薄膜的电阻率降低；第二，在高压下制备的具有多孔结构的薄膜处于压应力状态，而在低压下制备的具有致密结构的薄膜处于张应力状态；第三，在低压下制备的钼薄膜，超过一定厚度时会出现张应力裂纹。根据以上分析，最终采用多功能钼叠层作为背电极。在这一过程中，确定了具有相反应力贡献的双层钼背电极可以同时消除表面缺陷并实现低电

阻率。然而，在高温硒化过程中，化学溶液中的铜/铟/镓叠层前驱体在钼薄膜上的电沉积失败，钼薄膜从基体上脱落。为了提高界面的黏结性，设计了双层钼薄膜的表层和底层，以容纳不同的钼功能结构，并为后硒化 CIGS 薄膜创造了四层钼背电极薄膜。Li 等[124]研究了单层和双层钼薄膜。在这项工作中，在保持功率 2kW 不变的前提下，在不同溅射气压下制备了大约 900nm 厚的单层和双层钼薄膜。通过不同方法对显微组织和形貌进行了详细的表征。XRD 测量结果表明，双层钼薄膜的设计增强了钼晶粒的(110)晶面取向，这对用于高效 CIGS 太阳能电池的背电极是非常有利的。研究发现，双层钼薄膜的表面粗糙度随着底层厚度的增加略有增加，一般高于单层钼薄膜。Gong 等[125]研究了多层钼电极对 CIGS 太阳能电池的影响。在钙钠玻璃衬底上制备钼薄膜的主要作用是在 CIGS 太阳能电池中提供良好的黏结性和导电性，以及作为钠元素从钙钠玻璃层进入 CIGS 层的输送通道。与传统的双层钼薄膜结构不同，这里有意预制了三层结构的钼薄膜，最上面薄钼层的微观结构是在溅射沉积过程中由溅射气压等控制的。人们发现，CIGS 太阳能电池的转换效率会受这个最薄钼背电极层极大的影响。对 CIGS 器件中元素深度分布和背电极表面钼化学状态的研究表明：钼电极的表层对钠元素从 SLG 扩散到 CIGS 吸收层有很强的影响，从而影响 CIGS 层中镓梯度的形成，进而影响太阳能电池的性能。

参 考 文 献

[1] 赵宝华, 朱琦, 王林, 等. 钼及钼复合材料理论与实践[M]. 西安: 西北工业大学出版社, 2014.

[2] 魏世忠, 韩明儒, 徐流杰, 等. 钼合金的制备与性能[M]. 北京: 科学出版社, 2011.

[3] 向铁根. 钼冶金[M]. 长沙: 中南大学出版社, 2002.

[4] 张启修, 赵秦生. 钨钼冶金[M]. 北京: 冶金工业出版社, 2007.

[5] 金永中, 刘东亮, 陈建. 溅射靶材的制备及应用研究[J]. 四川理工学院学报(自然科学版), 2005, 18(3): 23.

[6] 陈建军, 杨庆山, 贺丰收. 溅射靶材的种类、应用、制备及发展趋势[J]. 湖南有色金属, 2006, 22(4): 38.

[7] 王跃明, 闵小兵, 熊翔, 等. 高品质钼靶材低压等离子喷涂成形技术研究[J]. 粉末冶金技术, 2017, 35(4): 284.

[8] Lee B K, Oh J M, Choi G S, et al. Preparation of ultra-high purity cylindrical Mo ingot by electron beam drip melting [J]. Materials Transactions, 2012, 53(2): 425.

[9] Park H K, Ryu J, Youn H J, et al. Fabrication and property evaluation of Mo compacts for sputtering target application by spark plasma sintering process[J]. Materials Transactions, 2012, 53(6): 1056.

[10] Lee B K, Oh J M, Suh C Y, et al. Preparation of low-oxygen Mo ingot by optimizing hydrogen reduction and subsequent melting from MoO₃[J]. Materials Transactions, 2013, 54(2): 238.

[11] 朱琦, 王林, 杨秦莉, 等. 钼管靶材的挤压理论与组织性能分析. 中国钼业, 2014, 38(4): 50.

[12] 李晶, 王锦, 安耿, 等. 不同锻造变形量对管状溅射靶材晶粒组织的影响[J]. 中国钼业, 2012, 36(4): 48.

[13] 刘仁智. 钼板轧制及热处理对溅射薄膜微观组织及性能的影响[J]. 材料导报 B, 2014, 28(11): 102-105.

[14] Orgassa K, Schock H W, Werner J H. Alternative back contact materials for thin film Cu(In,Ga)Se₂ solar cells[J]. Thin Solid Films, 2003, 431-432: 387-391.

[15] Schmid D. A comprehensive characterization of the interfaces in Mo/CIS/CdS/ZnO solar cell structures[J]. 1996, 41-42: 281-294.

[16] Topi M, Smole F, Furlan J. Examination of blocking current-voltage behaviour through defect chalcopyrite layer in ZnO/CdS/Cu(In,Ga)Se$_2$/Mo solar cell[J]. Solar Energy Materials & Solar Cells, 1997, 49: 311-317.

[17] Zhou F, Zeng F, Liu X, et al. Improvement of Jsc in Cu$_2$ZnSnS$_4$ solar cell by using a thin carbon intermediate layer at Cu$_2$ZnSnS$_4$/Mo interface[J]. Acs Applied Materials & Interfaces, 2015, 7: 22868-22873.

[18] López-Marino S, Placidi M, Pérez-Tomás A, et al. Inhibiting the absorber/Mo-back contact decomposition reaction in Cu$_2$ZnSnSe$_4$ solar cells: The role of a ZnO intermediate nanolayer[J]. Journal of Materials Chemistry A, 2013, 1: 8338-8843.

[19] Keles F, Atasoy Y, Seyhan A. Sputtered Mo-bilayer thin films with reduced thickness and improved electrical resistivity[J]. Materials Research Express, 2019, 6: 126455.

[20] Lee B K, Oh J M, Choi G S, et al. Preparation of ultra-high purity cylindrical Mo ingot by electron beam drip melting[J]. Materials Transactions, 2012, 53(2): 425-427.

[21] 吴贤, 张健, 康新婷, 等. 钼粉的制备技术及研发现状[J]. 稀有金属材料与工程, 2007, 36(3): 562-566.

[22] 夏明星, 郑欣, 王峰, 等. 钼粉制备技术及研究现状[J]. 中国钨业, 2014, 29(4): 46-48.

[23] Huang H S, Lin Y C, Hwang K S. Effect of lubricant addition on the powder properties and compacting performance of spray-dried molybdenum powders[J]. International Journal of Refractory Metals & Hard Materials, 2002, 20: 175-180.

[24] Zhang G H, Chou K C, Dang J. A morphological study of the reduction of MoO$_2$ by Hydrogen[J]. High Temperature Materials and Processes, 2015, 34(5): 417-424.

[25] Dao M, Lu L, Asaro R J, et al. Toward a quantitative understanding of mechanical behavior of nanocrystalline metals [J]. Acta Materialia, 2007, 55: 4041-4065.

[26] Ryu T, Sohn H Y, Hwang K S, et al. Chemical vapor synthesis (CVS) of tungsten nanopowder in a thermal plasma reactor[J]. International Journal of Refractory Metals & Hard Materials, 2009, 27: 149-154.

[27] Won C W, Nersisyan H H, Won H I, et al. Refractory metal nanopowders: synthesis and characterization[J]. Current Opinion in Solid State & Materials Science, 2010, 14: 53-68.

[28] Liu G, Zhang G J, Jiang F, et al. Nanostructured high-strength molybdenum alloys with unprecedented tensile ductility[J]. Nature Materials, 2013, 12: 344-350.

[29] Srivatsan T S, Ravi B G, Petraroli M, et al. The microhardness and microstructural characteristics of bulk molybdenum samples obtained by consolidating nanopowders by plasma pressure compaction[J]. International Journal of Refractory Metals & Hard Materials, 2002, 20: 181-186.

[30] Kim S H, Kim D G, Min S P, et al. Sintering kinetics analysis of molybdenum nanopowder in a non-isothermal process[J]. Metals and Materials International, 2011, 17: 63-66.

[31] Liu B H, Gu H C, Chen Q L. Preparation of nanosized Mo powder by microwave plasma chemical vapor deposition method[J]. Materials Chemistry and Physics, 1999, 59: 204-209.

[32] Duan B H, Zhang Z, Wang D Z, et al. Microwave sintering of Mo nanopowder and its densification behavior[J]. Transactions of Nonferrous Metals Society of China, 2019, 29: 1705-1713.

[33] 赵鸿雁, 冯建中, 黄伟, 等. 等离子体法制备喷涂用球形钼粉技术初探[J]. 兵器材料科学与工程, 2013, 36(1): 99-100.

[34] 刘晓平, 王快社, 胡平, 等. 感应等离子体工艺对制备球形钼粉的影响[J]. 金属热处理, 2015, 40(10): 76-80.

[35] 尹周澜, 唐杰雄, 赵秦生, 等. 钼酸铵和三氧化钼氢还原性质的研究[J]. 稀有金属, 1997, 21(5): 326-329.

[36] 魏勇, 刘心宇, 李毅夫, 等. 钼还原过程相变化研究[J]. 稀有金属与硬质合金, 1996, 126: 13-18.

[37] Martins G P, Kangsadan T, Scott G, et al. A 21st. Century perspective on molybdenum powder production by hydrogen reduction[J]. Materials Science Forum, 2007, 561-565: 447-452.

[38] Bolitschek J, Luidold S, O'Sullivan M. A study of the impact of reduction conditions on molybdenum morphology [J]. International Journal of Refractory Metals & Hard Materials, 2018, 71: 325-329.

[39] Sun Y J, Xie H, Sun J. Influence of ammonium molybdate precursor on Mo powder preparation and working properties[J]. Materials Science and Engineering: A, 2008, 483-484: 168-171.

[40] 程仕平. 高性能钼粉与烧结钼的制备及机理研究[D]. 长沙: 中南大学, 2007: 24-30.

[41] Spevack P A, Mcintyre N S. Thermal reduction of molybdenum trioxide[J]. Journal of Chemical Physics, 1992, 96: 9029-9035.

[42] Słoczyński J. Kinetics and mechanism of molybdenum (VI) oxide reduction[J]. Journal of Solid State Chemistry, 1995, 118: 84-92.

[43] Majumdar S, Sharma I G, Samajdar I, et al. Kinetic studies on hydrogen reduction of MoO_3 and morphological analysis of reduced Mo powder[J]. Metallurgical and Materials Transactions B, 2008, 39: 431-438.

[44] Leisegang T, Levin A A, Walter J, et al. In situ X-ray analysis of MoO_3 reduction[J]. Crystal Research and Technology, 2005, 40: 95-105.

[45] Schulmeyer W V, Ortner H M. Mechanisms of the hydrogen reduction of molybdenum oxides[J]. International Journal of Refractory Metals & Hard Materials, 2002, 20: 261-269.

[46] Lalik E, David W, Barnes P, et al. Mechanisms of reduction of MoO_3 to MoO_2 reconciled[J]. Journal of Physical Chemistry B, 2001, 105: 9153-9156.

[47] Enneti R K, Wolfe T A. Agglomeration during reduction of MoO_3[J]. International Journal of Refractory Metals & Hard Materials, 2012, 31: 47-50.

[48] Enneti R K. Rate control mechanism for the hydrogen reduction of MoO_3 to MoO_2[J]. International Journal of Refractory Metals & Hard Materials, 2012, 33: 122-123.

[49] Dang J, Zhang G H, Chou K C, et al. Kinetics and mechanism of hydrogen reduction of MoO_3 to MoO_2[J]. International Journal of Refractory Metals & Hard Materials, 2013, 41: 216-223.

[50] Słoczyński J. Kinetics and mechanism of MoO_3 reduction. comments on "In situ XAS and XRD studies on the formation of Mo suboxides during reduction of MoO_3" [J]. Journal of Physical Chemistry B, 2002, 106(31): 7718.

[51] Lalik E. Kinetic analysis of reduction of MoO_3 to MoO_2[J]. Catalysis Today, 2011, 169: 85-92.

[52] Kim B S, Kim E, Jeon H S, et al. Study on the reduction of molybdenum dioxide by hydrogen[J]. Materials Transactions, 2008, 49: 2147-2152.

[53] Dang J, Zhang G H, Chou K C. Phase transitions and morphology evolutions during hydrogen reduction of MoO_3 to MoO_2[J]. High Temperature and Materials Processes, 2014, 33: 305-312.

[54] Dang J, Zhang G H, Wang Lu, et al. Study on hydrogen reduction of Mo_4O_{11}[J]. International Journal of Refractory Metals & Hard Materials, 2015, 51: 275-281.

[55] Ressler T, Jentoft R, Wienold J, et al. In situ XAS and XRD studies on the formation of Mo suboxides during reduction of MoO_3[J]. Journal of Physical Chemistry B, 2000, 104(6): 360-370.

[56] Dang J, Zhang G H, Chou K C. Study on kinetics of hydrogen reduction of MoO_2[J]. International Journal of Refractory Metals & Hard Materials, 2013, 41: 356-362.

[57] 左铁镛, 王占一, 周美玲. 间隙杂质及其分布对烧结钼脆性的影响[J]. 中南矿冶学院学报, 1982, 13(1): 47-54.

[58] Kumar A, Eyre B L. Gain boundary segregation and intergranular fracture in molybdenum[C]. Proceeding of the Royal Society A: Mathematical, 1980, 370A: 431-458.

[59] Ortner H M. The determination of traces of O, N and C in the refractory metals Mo and W-an international effort[J]. Talanta, 1979, 26: 629-640.

[60] Olds L E, Rengstorff G W. Effects of oxygen, nitrogen and carbon on the ductility of cast molybdenum[J]. The Journal of The Minerals, Metals & Materials Society, 1956, 2: 150-156.

[61] 吕立华. 金属塑性变形与轧制原理[M]. 北京, 化学工业出版社, 2007.

[62] Sakai T, Belyakov A, Kaibyshev R, et al. Dynamic and post-dynamic recrystallization under hot, cold and severe plastic deformation conditions[J]. Progress in Materials Science, 2014, 60(1): 130-207.

[63] Meng B, Wan M, Wu X D, et al. Constitutive modeling for high temperature tensile deformation behavior of pure molybdenum considering strain effects[J]. Journal of Refractory Metals and Hard Materials, 2014(45): 41-47.

[64] Primig S, Leitner H, Knabl W, et al. Influnce of the heating rate on the recrystallization behavior of molybdenum[J]. Materials Science and Engineering A, 2012, 535: 316-324.

[65] Primig S, Leitner H, Knabl W, et al. Static recrystallization of molybdenum after deformation below 0.5TM(K) [J]. Metallurgical and Materials Transactions A, 2012, 43: 4806-4817.

[66] Worthington D L, Pedrazas N A, Noell P J, et al. Dynamic abnormal grain growth in molybdenum [J]. Metallurgical and Materials Transactions A, 2013, 44: 5025-5037.

[67] Primig S, Clemens H, Knabl W, et al. Orientation dependent recovery and recrystallization behavior of hot-rolled molybdenum[J]. International Journal of Refractory Metals and Hard Materials, 2015, 48: 179-186.

[68] Primig S, Leitner H, Knabl W, et al. Textural evolution during dynamic recovery and static recrystallization of molybdenum[J]. Metallurgical and Materials Transaction A, 2012, 43: 4794-4805.

[69] 冯雪. TZM 钼合金高温塑性变形行为及轧制温度场研究[D]. 沈阳: 东北大学, 2013: 17-34.

[70] Xiao M L, Li F G, Xie H F, et al. Characterization of strengthening mechanism and hot deformation behavior of power metallurgy molybdenum[J]. Material and Design, 2012, 34: 112-119.

[71] 张威. 纯钼及钼镧合金轧制工艺及组织性能研究[D]. 沈阳: 东北大学, 2014: 17-23.

[72] 汪洋. 纯钼粉烧结体压缩变形行为的研究[D]. 合肥: 合肥工业大学, 2010: 13-45.

[73] 何建中, 刘雅政, 史秉华, 等. 连铸坯组织影响混晶产生的研究[J]. 钢铁, 2005, 40(2): 69-71.

[74] 胡德林. 奥氏体混晶的形成与消除[J]. 热加工工艺, 1996, (2): 13-18.

[75] 赵勇桃, 刘宗昌, 王玉峰. 34CrNi3MoV 钢的混晶及消除措施[J]. 金属热处理, 2007, 32(5): 75-77.

[76] Wang M T, Du F S. Theoretical and experimental study on grain size changes during the controlled roling[C]. 7th International Conference on Technology of Plasticity, Yokohama, 2002, (1): 607-612.

[77] Wang M T, Li X T, Du F S, et al. Hot deformation of austenite and prediction of microstructure evolution of cross-wedge rolling[J]. Materials Science and Engineering A, 2004, 379(1-2): 133-140.

[78] 王立军, 金潮, 王蕾, 等. 低碳微合金钢的奥氏体晶粒长大倾向性研究[J]. 热加工工艺, 2012, 41(20): 72-74.

[79] 张超, 吴润, 宋畅, 等. CSP 热轧 Q235 钢再结晶与混晶的判定[J]. 机械工程材料, 2011, 35(11): 47-50.

[80] Yun J H, Kim K H, Min S K, et al. Fabrication of CIGS solar cells with a Na-doped Mo layer on a Na-free substrate[J]. Thin Solid Films, 2007, 515: 5876-5879.

[81] Wada T, Kohara N, Nishiwaki S, et al. Characterization of the Cu(In,Ga)Se2/Mo interface in CIGS solar cells[J]. Thin Solid Films, 2001, 387: 118-122.

[82] Würz R, Marrón D F, Meeder A, et al. Formation of an interfacial MoSe2 layer in CVD grown CuGaSe2 based thin film solar cells[J]. Thin Solid Films, 2003, 431-432: 398-402.

[83] Nishiwaki S, Kohara N, Negami T, et al. Characterization of Cu(In,Ga)Se₂/Mo interface in CIGS solar cells[J]. MRS Proceedings, 1997, 485: 118-122.

[84] Yukiko K S, Shuuhei S, Manabu W, et al. Effects of Mo back contact thickness on the properties of CIGS solar cells[J]. Physica Status Solidi, 2009, 206: 1063-1066.

[85] Li W M,Yan X, Aberle A G, et al. Effect of sodium diffusion on the properties of CIGS solar absorbers prepared using elemental Se in a two-step process[J]. Scientific Reports, 2019, 9: 2637.

[86] Ianno N J, Plaster J A. Plasma-enhanced chemical vapor deposition of molybdenum[J]. Thin Solid Films, 1987, 147: 193-202.

[87] Hanabusa M, Oikawa A, Peng Y C, et al. Photochemical vapor deposition of aluminum thin films[J]. MRS Proceedings, 2011, 129: 1392-1394.

[88] Zoppi G, Beattie N S, Major J D, et al. Electrical, morphological and structural properties of RF magnetron sputtered Mo thin films for application in thin film photovoltaic solar cells[J]. Journal of Materials Science, 2011, 46: 4913-4921.

[89] Holmwood R A, Glang J. Electrochem vacuum deposited molybdenum films[J]. Microelectronics reliability, 1965, 112: 827-831.

[90] Jelínek M, Kocourek T, Remsa J, et al. Diamond/graphite content and biocompatibility of DLC films fabricated by PLD[J]. Applied Physics A Materials Science & Processing, 2010, 101: 579-583.

[91] Zhang M, Xi-Wen H E, Qin L, et al. Preparation of protein molecularly imprinted composite membrane by sol-gel coating method and its permeation mechanism[J]. Chemical Journal of Chinese Universities, 2008, 29(3): 498-504.

[92] Tamboli P S, Jagtap C V, Kadam V S, et al. Spray pyrolytic deposition of α-MoO₃ film and its use in dye-sensitized solar cell[J]. Applied Physics A, 2018, 124: 339.

[93] Nishio K, Sei T, Tsuchiya T. Preparation and electrical properties of ITO thin films by dip–coating process[J]. Journal of Materials Science, 1996, 31: 1761-1766.

[94] 姚力军, 相原俊夫, 大岩一彦, 等. 钼靶材的制作方法: 中国, CN201310331636X[P]. 2015-02-11.

[95] Reza M, Sajuri Z, Yunas J, et al. Effect of sputtering target's grain size on the sputtering yield, particle size and coercivity (Hc) of Ni and Ni₂OAl thin films[J]. Iop Conference, 2016, 114(12): 012116.

[96] 刘仁智, 孙院军, 王快社. Mo 靶材组织对溅射薄膜形貌及性能的影响[J]. 稀有金属材料与工程, 2012, 41: 1559-1563.

[97] 张国君, 马杰, 安耿, 等. 靶材热处理温度对磁控溅射钼薄膜组织和性能的影响[J]. 中国钼业, 2014, 38: 36-40.

[98] Chen J K, Tsai B H, Huang H S. Effects of molybdenum microstructures on sputtered films[J]. Materials Transactions, 2015, 56: 665-670.

[99] Yoon J H, Cho S, Kim W M, et al. Optical analysis of the microstructure of a Mo back contact for Cu(In,Ga)Se₂ solar cells and its effects on Mo film properties and Na diffusivity[J]. Solar Energy Materials And Solar Cells, 2011, 95: 2959-2964.

[100] Li Z H, Cho E S, Sang J K. Molybdenum thin film deposited by in-line DC magnetron sputtering as a back contact for Cu(In,Ga)Se₂ solar cells[J]. Applied Surface Science, 2011, 257: 9682-9688.

[101] Wu H M, Liang S C, Lin Y L, et al. Structure and electrical properties of Mo back contact for Cu(In, Ga)Se₂ solar cells[J]. Vacuum, 2012, 86: 1916-1919.

[102] Pethe S A, Takahashi E, Kaul A, et al. Effect of sputtering process parameters on film properties of molybdenum back contact[J]. Solar Energy Materials & Solar Cells, 2012, 100: 1-5.

[103] Chavan K B, Chaure N B. Studies on controlled preferentially orientated Mo thin films via sputtering technique[J]. Materials Research Express, 2019, 6: 076423.

[104] Kashyout E H, Soliman H M, Gabal H A, et al. Preparation and characterization of DC sputtered molybdenum thin films[J]. Alexandria Engineering Journal, 2011, 50: 57-63.

[105] Su C Y, Liao K H, Pan C T, et al. The effect of deposition parameters and post treatment on the electrical properties of Mo thin films[J]. Thin Solid Films, 2012, 520: 5936-5939.

[106] Li Z H, Cho E S, Sang J K. Molybdenum thin film deposited by in-line DC magnetron sputtering as a back contact for Cu(In,Ga)Se$_2$ solar cells[J]. Applied Surface Science, 2011, 257: 9682-9688.

[107] MartíNez M A, Guillén C. Comparison between large area DC-magnetron sputtered and e-beam evaporated Molybdenum as thin film electrical contacts[J]. Journal of Materials Processing Tech, 2003, 143-144: 326-331.

[108] Guo L, He Z, Chen T, et al. Effects of sputtering power on structure and property of Mo films deposited by DC magnetron sputtering[J]. High Power Laser & Particle Beams, 2011, 23: 2386-2390.

[109] Jubault M, Ribeaucourt L, Chassaing E, et al. Optimization of molybdenum thin films for electrodeposited CIGS solar cells[J]. Solar Energy Materials & Solar Cells, 2011, 95: 26-31.

[110] Feng J X, Zhao W, Wei W, et al. Preparation and optimization of a molybdenum electrode for CIGS solar cells[J]. Aip Advances, 2016, 6: 115210.

[111] Akcay N, Akın N, Cömert B, et al. Temperature effects on the structural, optical, electrical and morphological properties of the RF-sputtered Mo thin films[J]. Journal of Materials Science Materials in Electronics, 2017, 28: 399-406.

[112] Chelvanathan P, Zakaria Z, Yusoff Y, et al. Annealing effect in structural and electrical properties of sputtered Mo thin film[J]. Applied Surface Science, 2015, 334: 129-137.

[113] Placidi M, Espindola-Rodriguez M, Lopez-Marino S, et al. Effect of rapid thermal annealing on the Mo back contact properties for Cu$_2$ZnSnSe$_4$ solar[J]. Journal of Alloys & Compounds, 2016, 675: 158-162.

[114] Jörg T, Cordill M J, Franz R, et al. The electro-mechanical behavior of sputter-deposited Mo thin films on flexible substrates[J]. Thin Solid films, 2016, 606: 45-50.

[115] Roger C, Noel S, Sicardy O, et al. Characteristics of molybdenum bilayer back contacts for Cu(In, Ga)Se$_2$ solar cells on Ti foils[J]. Thin Solid Films, 2013, 548: 608-616.

[116] Bollero A, Andres M, Garcia C, et al. Morphological, electrical and optical properties of sputtered Mo thin films on flexible substrates[J]. Physica Status Solidi Applications & Materials, 2009, 206: 540-546.

[117] Ma P C, Li W M, Yi C H, et al. Investigation of Mo films deposited on high temperature polyimide substrate by magnetron sputtering for flexible CIGS thin film solar cells application[J]. AIP Advances, 2019, 9: 045024.

[118] Blösch P, Nishiwaki S, Chirilă A, et al. Sodium-doped molybdenum back contacts for flexible Cu(In,Ga)Se$_2$ solar cells[J]. Thin Solid Films, 2013, 535: 214-219.

[119] Krüger P, Petukhov M, Domenichini B, et al. Molybdenum thin film growth on a TiO$_2$(110) substrate[J]. Journal of Molecular Structure: Theochem, 2009, 903: 67-72.

[120] Dhar N, Chelvanathan P, Zaman M, et al. An investigation on structural and electrical properties of RF-sputtered molybdenum thin film deposited on different substrates[J]. Energy Procedia, 2013, 33: 186-197.

[121] Marcelli A, Spataro B, Sarti S, et al. Characterization of thick conducting molybdenum films: enhanced conductivity via thermal annealing[J]. Surface & Coatings Technology, 2015, 261: 391-397.

[122] Khan M, Islam M, Akram A, et al. Residual strain and electrical resistivity dependence of molybdenum films on DC plasma magnetron sputtering conditions[J]. Materials Science in Semiconductor Processing, 2014, 27: 343-351.

[123] Huang Y, Gao S, Yong T, et al. The multi-functional stack design of a molybdenum back contact prepared by pulsed DC magnetron sputtering[J]. Thin Solid Films, 2016, 616: 820-827.

[124] Li W, Yan X, Aber A G, et al. Analysis of microstructure and surface morphology of sputter deposited molybdenum back contacts for CIGS solar cells[J]. Procedia Engineering, 2016, 139: 1-6.

[125] Gong J B, Kong Y F, Li J M, et al. Role of surface microstructure of Mo back contact on alkali atom diffusion and Ga grading in Cu(In,Ga)Se$_2$ thin film solar cells[J]. Energy Science & Engineering, 2019, 7: 754-763.

[1,2] 此处为页眉残留文字，模糊不清

第 2 章 实验材料及研究方法

2.1 钼 粉 制 备

2.1.1 试验材料

钼粉制备所用原材料分别为成都虹波钼业有限责任公司生产的二钼酸铵(记作 M-1)、洛阳栾川钼业集团股份有限公司生产的四钼酸铵(记作 M-2)和洛阳科硕钨钼材料有限责任公司生产的四钼酸铵(记作 M-3)。钼酸铵的化学成分如表 2.1 所示。

表 2.1 试验材料的化学成分　　　　　　　(单位：ppm①)

试样编号	元素									
	Fe	Al	Si	Mn	Ni	Ti	Pb	Ca	K	Mo
M-1	<5	<3	<5	<2	<2	<5	<1	<5	102	余量
M-2	<7	<3	<5	<2	<2	<5	<1	<5	32	余量
M-3	<5	<4	<5	<3	<3	<9	<1	<7	105	余量

2.1.2 钼酸铵焙解试验

对三种钼酸铵做焙解试验，以便确定合适的还原温度。每种样品取 10g，用 STA 409 PC 型同步热分析仪加热，升温速率 10℃/min，加热到 1000℃，得到热重分析(thermogravimetric analysis，TGA)及差示扫描量热法(differential scanning calorimeter，DSC)曲线，进而分析其热分解过程。

2.1.3 钼粉制备工艺

钼粉的制备通过两步氢还原来完成：四种钼酸铵原料在低温四管还原炉中经一步氢气还原得到二氧化钼；然后二氧化钼在高温四管还原炉中进行二步氢气还原得到钼粉。具体还原工艺条件见第 3 章。

2.1.4 粉末检测方法

用 X 射线衍射仪分析三种钼酸铵的相组成。用场发射扫描电镜(FESEM)观察钼酸铵、二氧化钼和钼粉的形貌。用 WLP-202 型平均粒度分析仪测定二氧化钼和

---

① 1ppm=10^{-6}。

钼粉的费氏粒度。用激光粒度仪分析二氧化钼和钼粉的粒度分布。用 PSG-2 型 X
射线荧光光谱仪测定杂质元素含量。制备出的钼粉用 200 目筛进行筛分，分别测
量筛上物和筛下物的质量。

2.2 烧结钼的制备

使用粒度均匀、粒度在 2～3μm、纯度为 99.97%的钼粉制备烧结钼。钼粉首
先经过冷等静压压制成冷压坯，压制压力 180MPa、保压时间 15min。冷压坯经中
频感应烧结炉进行高温烧结，烧结温度 1900℃，烧结时间 30h，氢气气氛保护。
烧结后的纯钼板坯组织见图 2.1。

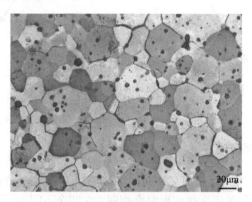

图 2.1 纯钼烧结坯金相组织

2.3 热变形实验方案

由图 2.1 可以看出，烧结坯组织内部微孔较多，需进行热变形使其组织更加
致密。本节采用两种方案对烧结钼板坯进行热模拟试验：

（1）单道次热压缩，即对纯钼板坯进行一次热压缩试验，通过一次压缩就达到
设定的变形量，主要用来研究纯钼板坯的动态再结晶行为。

（2）双道次热压缩，即分两道次进行热压缩试验，在两道次热压缩之间停留一
定的时间，主要用于研究纯钼材料的静态再结晶行为。

热变形实验均在 Gleeble-1500D 型热模拟试验机上进行。先将纯钼烧结体切
割成 ϕ8mm×12mm 的圆柱形试样，并在每个试样侧面中间部位钻 ϕ0.5mm×2mm
大的小孔，以便插热电偶精确测量变形温度。热压缩之前，在试样的两端放置石
墨垫片，并涂少量的润滑剂，主要目的是防止在热压缩过程中试样出现失稳现象，
并减小压头与试件之间的摩擦，使试样得以均匀变形。试验过程的加热速度为
20℃/s，在达到变形温度后保温 3min，主要目的是使试样内部的温度更加均匀。

在热压缩试验结束后立即进行水淬，以便得到高温的组织。

2.3.1 单道次热压缩试验方案

图 2.2 为单道次热压缩试验方案，真应变为 0.8，变形温度分别为 1060℃、1140℃、1220℃、1300℃；应变速率分别为 $0.01s^{-1}$、$0.1s^{-1}$、$1s^{-1}$、$10s^{-1}$。

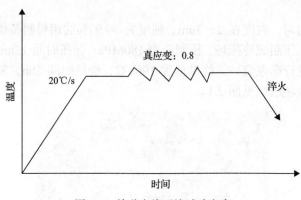

图 2.2　单道次热压缩试验方案

2.3.2 双道次热压缩试验方案

双道次热压缩试验方案如图 2.3 所示。双道次热压缩试验的变形量分别为 0.2、0.25、0.3，变形温度和单道次热变形温度相同，在四个不同的温度下进行；应变速率分别为 $0.01s^{-1}$、$0.1s^{-1}$；两道次之间停留的时间分别选取 5s、60s、100s、500s 和 1000s。

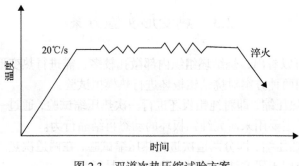

图 2.3　双道次热压缩试验方案

2.4　微观组织表征及性能检测

2.4.1 金相组织分析

沿着热压缩面的垂直方向将试样切开，切割后的试样用不同型号的砂纸进行粗磨、细磨，然后进行机械抛光，为去除表面残留的抛光膏等，先用酒精擦拭，再用清水清洗，烘干后用腐蚀液进行化学腐蚀。腐蚀液为氢氧化钠和铁氰化钾以及蒸馏水的混合液，氢氧化钠和铁氰化钾按质量比 1∶1 进行配比，蒸馏水为 20ml，腐蚀时间为 3min 左右，腐蚀后的试样用 OLYMPUS PMG3 型金相显微镜观察其金相组织。

2.4.2　背散射电子衍射分析

利用背散射电子衍射(electron backscatter diffraction，EBSD)技术分析热压缩后试样的再结晶晶粒的比例、大小、分布，分析样品中的织构。设备为 JSM-7800 场发射扫描电镜，配备有 HKL Nordlys EBSD 探头。热压缩后的试样经过机械抛光和电解抛光，电解抛光液为 20% H_2SO_4 + 80% CH_3OH(体积分数)。

2.4.3　透射电子显微分析

扫描透射电子显微镜(scanning transmission electron microscope，STEM)是指透射电子显微镜中带有扫描附件，是一种新型分析方式，它综合了扫描和普通透射电子分析的原理和特点，这种电子显微表征方法是目前应用最广泛的手段之一。此分析方法有很多特点：①分辨率高；②对化学成分敏感；③图像直观易解释。这里采用 JEM-F200 型冷场发射透射电子显微镜，对纯钼靶材微孔边缘进行元素分布的面扫描。

2.4.4　X 射线光电子能谱分析

采用 X 射线光电子能谱仪(XPS)分析检测钼粉及纯钼靶材中元素的化学价态和含量的变化。

2.4.5　显微硬度测定

实验用显微硬度值来表示试样的硬度。用 THV-50MDX 型高级维氏硬度检测仪测试试样热压缩前后的显微硬度，测试时加载载荷为 300g，加载时间为 5s，每个试样在不同部位共测量 7 次，然后取其平均值，即为该试样的显微硬度。

2.4.6　密度测定

采用阿基米德排水法来测定纯钼靶材的密度，密度计算公式如式(2.1)所示：

$$\rho = \frac{m_1 \rho_{水}}{m_1 - m_2} \tag{2.1}$$

式中，ρ 为被测试样的密度；$\rho_{水}$ 为蒸馏水的密度；m_1 为试样在空气中的质量；

m_2 为试样在蒸馏水中的质量，取蒸馏水的密度为 $1g/cm^3$。

　　由于粉末冶金法制备的试样内部存在气孔，为了准确测量试样的密度，在测试前首先把试样放在水里浸泡，使水充满试样内部的气孔，再用密度测量装置称取试样的湿重，最后根据密度公式即可求得实验材料的密度。

2.5　钼薄膜的表征与测试

　　钼薄膜的微观结构和性能通过各种测试仪器去表征，主要有 X 射线衍射仪（XRD）、场发射透射电子显微镜（TEM）、场发射扫描电子显微镜（SEM）、原子力显微镜（AFM）、台阶仪、紫外-可见光分光光度计及霍尔效应测试仪等。

2.5.1　微观组织分析

1. XRD 分析钼薄膜的晶体结构

　　采用 XRD（Panalytical Almelo Netherlands）对制备钼薄膜的晶体结构和结晶性能进行表征分析，XRD 是鉴别物质晶体结构及对物象进行分析的常规手段。用 XRD 可以分析制备材料的晶体结构，例如材料的成分、晶格常数、晶体的择优取向及物相等各种性能。其中，X 射线源为 Cu K$_\alpha$（波长 λ=0.15406nm）射线，实验中的扫描范围为 20º～90º，扫描步长 0.02º。通过分析软件 Jade 5.0 检索标准衍射数据 PDF 卡，分析确定制备钼薄膜的结构。根据谢乐公式和布拉格方程及晶面间距公式，计算出钼薄膜的晶粒尺寸（D）、晶面间距（d）和晶格常数（a），并通过 XRD 图谱中衍射峰的位置和衍射峰的强度分析钼薄膜的晶粒取向，通过 $\sin^2\psi$ 法测试钼薄膜所受应力[1]。

　　钼薄膜的晶粒尺寸由式（2.2）计算得出[2]

$$D = \frac{0.9\lambda}{\beta\cos\theta} \tag{2.2}$$

式中，λ 为 X 射线波长（0.15406nm）；β 为 XRD 的半波带宽（FWHM）；θ 为 XRD 衍射峰的布拉格角，所有变量均为 SI 单位。

　　钼薄膜中产生的微应变（ε）和位错密度（ρ）利用式（2.3）和式（2.4）分别计算得出[3]

$$\varepsilon = \frac{\beta}{4\tan\theta} \tag{2.3}$$

$$\rho = \frac{1}{D^2} \tag{2.4}$$

2. SEM 表征钼薄膜的表面形貌

用 SEM(品牌：Zeiss)测量钼薄膜的表面形貌,它主要有真空系统、电子光学系统、信号收集系统、显示系统、电源及控制系统等。它的测试原理就是利用电子光学系统将电子枪发出的高能电子聚焦并在测试样品表面进行扫描,从而激发出各种物理信息,然后再通过软件对这些信息进行加工处理,从而获得样品的表面形貌。

3. 金相显微镜(optical microscope,OM)分析靶材的组织

通过光学金相显微镜(型号：ZEISS Axio Vert.A1)对钼靶材的组织进行金相观测分析。

采用线切割技术加工样品(观察面尺寸：5mm×5mm),酒精溶液对试样表面油污进行清理,砂纸打磨观察面,砂纸粒度和顺序为 600#—800#—1000#—1200#,每个粒度下交错打磨 2min,然后选用金刚石抛光剂对观察面进行抛光处理。

4. TEM 分析钼薄膜的界面

通过 TEM(型号：Talos F200X)对钼薄膜和玻璃界面的结合情况及元素成分进行观测分析和判定。透射试样采用等离子聚焦离子束(型号：Helios G4)技术制备,同时利用 STEM 模式下的 X 射线能谱仪表征分析界面元素的分布。

5. AFM 表征表面形貌和粗糙度

通过 AFM(型号：SPA-400)观察钼薄膜的表面晶粒三维分布情况并测量它们的粗糙度。

2.5.2　光电性能和黏结性测试

1. 台阶仪测钼薄膜厚度

用台阶仪测量薄膜的厚度是薄膜测量中比较常用的方法。在用磁控溅射法制备钼薄膜时,先用高温导电胶在玻璃衬底上制作一个垂直台阶,然后在用台阶仪测试薄膜厚度时把导电胶去掉,这样就形成一个垂直台阶。把待测薄膜样品放置到台阶仪上进行测试,这时候金刚石探针通过在薄膜样品表面移动和探测,将其观察到的情况转化成相应的电信号,电信号被记录下来,从而可以测量出待测钼薄膜的厚度。但是由于金刚石探针硬度比较大,容易对软质薄膜造成一定的破坏,所以通过台阶仪测量厚度的薄膜,一般都是硬质薄膜,测量精确度可以达到 1～2nm。由于用台阶仪测量薄膜厚度的方法比较简单、易于操作且可重复性好,广泛用于薄膜厚度的测量。

2. 四探针和霍尔效应测试仪测试钼薄膜的电学性能

实验采用 RTS-8 型四探针测阻仪测试钼薄膜的方阻，根据式(2.5)和钼薄膜样品的大小及设备合格证上的相关参数计算出测量钼薄膜的电流值，然后再选择合适的电流量程：

$$I=F(D/S) \times F(W/S) \times F_{sp} \times 10^{n} \tag{2.5}$$

式中，$F(D/S)$为钼薄膜的直径修正系数；$F(W/S)$为钼薄膜的厚度修正系数；W为钼薄膜的厚度；D为钼薄膜的直径大小；F_{sp}为探针间距修正系数，这些常数可以从仪器使用手册后面的附表查到；n与量程有关。为测量尽可能准确，对同一个试样选择不同位置分别进行多次测量，最后取平均值，这样既可以判断钼薄膜均匀性好坏，又可以精确地测量钼薄膜的方阻。而所测钼薄膜的方阻乘以钼薄膜的厚度就是钼薄膜的电阻率。

用霍尔效应测试仪(Ecopia，HMS-3000)测试载流子类型、载流子浓度等与电学相关的参数，测试原理主要是利用霍尔效应。霍尔效应就是给通有电流的半导体上施加一个与其垂直的磁场，内部的导电粒子由于要受磁场给它的洛伦兹力作用，会向一边偏移，在两边积累正负电荷，从而产生一个新的电场，这个电场与电流和磁场都垂直，这一现象就是霍尔效应。载流子类型不同，电场方向不同，相应的霍尔系数正负也不同，所以可以通过霍尔系数的正负来确定半导体的载流子类型。另外载流子迁移率和浓度不一样，相应的霍尔系数也不同，所以可以通过霍尔系数来测量材料的载流子浓度、霍尔迁移率等与材料电学性能相关的参数值。

3. 紫外-可见光分光光度计测试钼薄膜光学性能

对于钼薄膜的光学性能，采用紫外-可见分光光度计(Hitachi-4100)来测试它的反射率。

4. 薄膜黏结性和应力测试

采用透明胶带法对钼薄膜和玻璃基底之间的黏结性进行定性测试，就是胶带粘在钼薄膜上然后突然快速撕掉，重复二十次，如果没有出现明显的洞或者小的钼片脱落就认为通过了黏结性测试[4]。同时也可以通过应力测试定量地评价钼薄膜的黏结性能[1]。

参 考 文 献

[1] Cullity B D, Stock S R. Elements of X-ray diffraction[J]. Physics Today, 1959, 10: 394-395.

[2] Patterson A. The Scherrer formula for X-ray particle size determination[J]. Physical Review, 1939, 56: 978-982.

[3] Ahmadipour M, Cheah W K, Ain M F, et al. Effects of deposition temperatures and substrates on microstructure and optical properties of sputtered CCTO thin film[J]. Materials Letters, 2018, 210: 4-7.

[4] Scofield J H, Duda A, Albin D, et al. Sputtered molybdenum bilayer back contact for copper indium diselenide-based polycrystalline thin-film solar cells[J]. Thin Solid Films, 1995, 260: 26-31.

[1] Oshikawa A. The Synthesis Damage Reyon and made about the Boundaries[J]. Exposed Reynon Ⅰ(1), 965, 99.

[2] Murthyan S N, Nielson K R, and Ca N. Rownaing. Amelikalion in gradation and reduction reyon from mecontrol procarlora Reyon carrieson[J]. Publ. Manarul Letter, 2018, 43 (9:97).

[3] Scarball Ti Daux Marinoon D D. Synthesis and characterization of borrton support thin muconttrol oxide exper crefron nun filaments[J]. Synthesis and Chara, 2004, 18 : 600-607.

第 3 章　钼粉制备研究

3.1　钼酸铵差热实验结果及分析

3.1.1　钼酸铵的形貌及物相组成

图 3.1 为不同钼酸铵粉体的 SEM 照片。从图 3.1 可以看出，二钼酸铵(M-1)为块状结构，棱角分明，粒径很大；四钼酸铵(M-2)有片状和棒状两种结构，其粒径较大；四钼酸铵(M-3)呈片状结构，粒径较小。

(a) 二钼酸铵(M-1)　　　　(b) 四钼酸铵(M-2)　　　　(c) 四钼酸铵(M-3)

图 3.1　钼酸铵的 SEM 照片

图 3.2 为不同钼酸铵粉体的 XRD 谱。从图 3.2 可以看出，二钼酸铵和钾含量较高的四钼酸铵(M-3)均为单一结构。四钼酸铵有 α 和 β 两种晶型。四钼酸铵(M-3)晶型为 β 型，四钼酸铵(M-2)为 α 和 β 混合晶型。

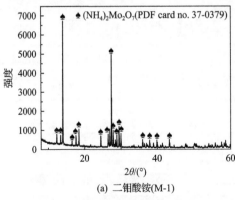 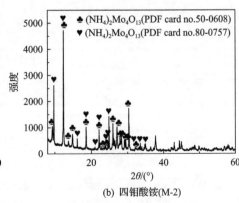

(a) 二钼酸铵(M-1)　　　　　　　　　　(b) 四钼酸铵(M-2)

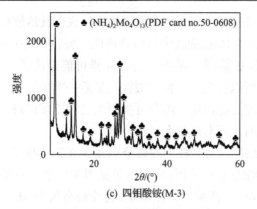

(c) 四钼酸铵(M-3)

图 3.2   三种钼酸铵的 XRD 图谱

3.1.2   钼酸铵差热实验及结果分析

图 3.3 为三种钼酸铵差热分析实验结果。从图 3.3(a)的 DSC 曲线中可以看出二钼酸铵在 216.5℃、243℃、308.5℃和 792.7℃出现了四个强吸热峰，说明其焙解可能经历了四个热分解过程。从图 3.3(b)的 DSC 曲线中可以看出四钼酸铵(M-2)在

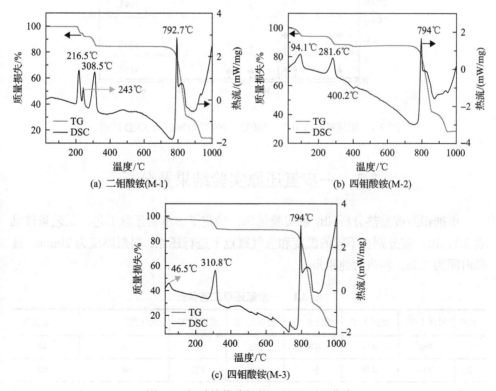

(a) 二钼酸铵(M-1)   (b) 四钼酸铵(M-2)

(c) 四钼酸铵(M-3)

图 3.3   钼酸铵热分解的 DSC 和 TG 曲线

94.1℃、281.6℃和 794℃出现了三个强吸热峰，说明其焙解可能经历了三个热分解过程。从图 3.3(c)的 DSC 曲线中可以看出四钼酸铵(M-3)在 46.5℃、310.8℃和 794℃出现了三个强吸热峰，说明其焙解同样可能经历了三个热分解过程。从图 3.3 的 TG 曲线可以看出，三种钼酸铵在最后一次吸热过程中失重非常大，焙解后取出的样品发现已经熔化，由此可推测出三种钼酸铵最后一次吸热是由于生成物熔融蒸发导致的，而不是发生了热分解。

根据差热试验结果，对三种钼酸铵分别在 310℃、400℃和 794℃进行了焙解实验，焙解后进行 XRD 物相分析，实验结果见图 3.4。结果表明，二钼酸铵在 310℃已经完全分解为 MoO_3，四钼酸铵在 400℃已全部分解为 MoO_3。

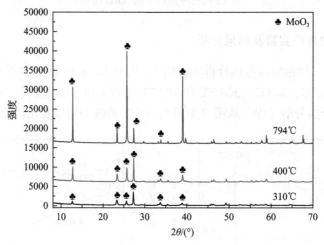

图 3.4 钼酸铵在 310℃、400℃、794℃焙解后的 XRD 图谱

3.2 一步氢还原实验结果及分析

根据钼酸铵差热分析和焙解实验结果，确定了一步氢还原工艺，工艺条件见表 3.1，钼酸铵分别在不同的温度和氢气露点下进行还原，料层厚度为 20mm，还原时间为 7.5h，料舟为纯钼舟。

表 3.1 一步氢还原工艺参数

工艺	温区 I /℃	温区 II /℃	温区 III /℃	温区 IV /℃	温区 V /℃	氢气流量/(m³/h)	氢气露点/℃
1	380	430	470	535	528	4	−10
2	399	450	562	564	482	4	−50

3.2.1　二氧化钼形貌及粒度

钼酸铵经一步还原得到的二氧化钼形貌如图 3.5 所示。左图均为按第一种工艺参数还原得到的二氧化钼，右图为第二种还原工艺得到的二氧化钼。从图 3.5可以看出，用同一原料在不同工艺下还原制备的二氧化钼的形貌有一定的相似性，这是因为钼酸铵和还原产物的形貌有一定的遗传性[1]，但也存在一些差异，说明还原条件对它们也有很大的影响。从图 3.5(a)、(b)可以看出，二钼酸铵经一步还

(a) 二钼酸铵(M-1，第一种工艺)　　　　(b) 二钼酸铵(M-1，第二种工艺)

(c) 四钼酸铵(M-2，第一种工艺)　　　　(d) 四钼酸铵(M-2，第二种工艺)

(e) 四钼酸铵(M-3，第一种工艺)　　　　(f) 四钼酸铵(M-3，第二种工艺)

图 3.5　一步还原得到的二氧化钼形貌

原得到的二氧化钼均为块状，但粒度不同。图 3.5(b) 中的二氧化钼粒度明显大于图 3.5(a) 中的二氧化钼的粒度。图 3.5(c) 和 (d) 为四钼酸铵 (M-2) 还原得到的二氧化钼的形貌。从图中可以看出，由四钼酸铵 (M-2) 还原制备的二氧化钼大部分形貌呈片状，只有少量的二氧化钼呈块状，且二氧化钼表面有少量的裂纹和微孔，如图中圆圈部分所示。然而，由四钼酸铵 (M-3) 一步还原得到的二氧化钼是块状的，表面光滑，没有裂纹和空洞 (图 3.5(e) 和 (f))。

对还原后得到的二氧化钼均做 XRD 分析，结果表明得到的产物均为二氧化钼，无其他物相存在，实验结果见图 3.6，说明一步氢气还原反应完全，钼酸铵全部还原成二氧化钼，无其他中间相存在。

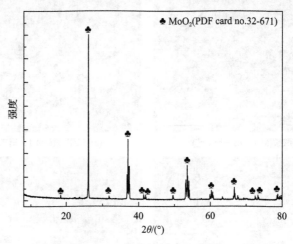

图 3.6　二氧化钼的 XRD 图谱

把二钼酸铵 (M-1)、混合晶型四钼酸铵 (M-2) 和 β 型四钼酸铵 (M-3) 在两种还原条件下得到的二氧化钼分别编号为 1# 和 2#、3# 和 4#、5# 和 6#。测得二氧化钼的费氏粒度和孔隙率，结果见表 3.2。二氧化钼的粒度分布和比表面积见表 3.3。

表 3.2　二氧化钼的费氏粒度和孔隙率

参数	1#	2#	3#	4#	5#	6#
费氏粒度/μm	3.9	5.7	2.7	2.9	5.2	7.3
孔隙率/%	67	65.5	73.5	73	65.5	65

表 3.3　二氧化钼的粒度分布和比表面积

试样编号	$d_{0.1}$/μm	$d_{0.5}$/μm	$d_{0.9}$/μm	比表面积/(m²/g)
1#	2.913	10.129	30.254	0.841
2#	5.385	12.098	25.637	0.625

续表

试样编号	$d_{0.1}$/μm	$d_{0.5}$/μm	$d_{0.9}$/μm	比表面积/(m²/g)
3#	1.598	7.820	26.456	1.060
4#	3.088	14.785	37.541	0.886
5#	4.398	10.475	22.290	0.725
6#	6.130	13.637	27.895	0.562

注：$d_{0.1}$、$d_{0.5}$、$d_{0.9}$分别代表一个样品的累计粒度分布数达到 10%、50%、90%时所对应的粒径。

3.2.2　实验结果分析

由四钼酸铵(M-2)还原制备的二氧化钼表面有少量的裂纹和微孔，其原因与四钼酸铵的晶型有关。四钼酸铵有 α 型和 β 型两种晶型。四钼酸铵的晶体形态主要与其制备工艺有关。四钼酸铵(α 型)在制备过程中加入酸过快且不规则，导致热分布不均匀，局部快速成核，晶核聚集，导致晶体中出现位错、缺陷、裂纹，其热稳定性差，由 α 型四钼酸铵还原制备的产物表面容易出现裂纹和微孔，过筛后筛上物会较多。而四钼酸铵(β 型)具有良好的热稳定性[2-4]，还原产物表面光滑，过筛后筛上物少。本书中，四钼酸铵(M-2)是 α 和 β 两种晶型的混合物，因此得到的二氧化钼表面有裂纹和微孔存在，而且还有团聚现象。而由四钼酸铵(β 型)还原得到的二氧化钼表面光滑，无裂纹和微孔存在，而且分散性比较好。

四钼酸铵晶型不仅会影响还原产物的形貌，还会影响还原产物的粒度分布。从表 3.3 可以看出，混合型四钼酸铵制备的二氧化钼的粒度分布比 β 型四钼酸铵制备的二氧化钼的粒度分布宽。由表 3.2 可以看出，三种钼酸铵经两种还原工艺得到的二氧化钼其粒度均不同，由第二种工艺还原得到的二氧化钼粒度均大于第一种工艺还原得到的二氧化钼的粒度。主要原因是因为还原温度和氢气露点的不同。在一步氢还原过程中，第二种还原工艺温度区(Ⅱ、Ⅲ、Ⅳ)的还原温度较高，高温有利于二氧化钼晶核的生长[5]。另一个原因是氢气的露点不同。在一步氢还原过程中，反应取决于化学气相迁移过程，高露点的氢气减缓了反应速度，使气相迁移相稳定。随着氢气露点的增加，氢气中的水蒸气含量增加，气体反应物在固体产物中的扩散速度相对较慢，反应速度减慢，反应过程相对较慢，不会形成低熔点共晶，所产生的二氧化钼的粒径相对均匀且较小[6, 7]。

3.3　二步氢还原实验结果及分析

二步氢还原工艺参数见表 3.4。料层厚度为 20mm，还原时间为 10.5h，料舟为纯钼舟。

表 3.4　二步氢还原工艺参数

温区 I /℃	温区 II /℃	温区 III /℃	温区 IV /℃	温区 V /℃	氢气流量/(m³/h)	氢气露点/℃
993	1000	1010	1010	1000	14	−50
860	885	935	920	860	24	

3.3.1　钼粉形貌及性能

把试样编号为 1#、2#、3#、4#、5#、6#的二氧化钼在不同温度下经二步氢还原后得到的钼粉分别记作 Mo-1、Mo-2（1#）；Mo-3、Mo-4（2#）；Mo-5、Mo-6（3#）；Mo-7、Mo-8（4#）；Mo-9、Mo-10（5#）；Mo-11、Mo-12（6#）。还原得到的钼粉形貌见图 3.7。钼粉的物理指标见表 3.5，钼粉的粒度分布及比表面积见表 3.6，钼粉的过筛收得率见表 3.7，钼粉的杂质元素含量见表 3.8。图 3.8 为钼粉的粒度分布。

(a) Mo-1　　　　　　　　(b) Mo-2

(c) Mo-3　　　　　　　　(d) Mo-4

(e) Mo-5　　　　　　　　(f) Mo-6

图 3.7 钼粉的 SEM 照片

表 3.5 钼粉的理化性能

试样编号	费氏粒度/μm	松装密度/(g/cm³)	孔隙率/%
Mo-1	3.85	1.246	66.5
Mo-2	2.6	0.813	73
Mo-3	4.7	1.096	67.5
Mo-4	2.55	0.866	73.5
Mo-5	2.55	0.844	78.5
Mo-6	2.0	0.802	80
Mo-7	3.55	0.997	69
Mo-8	1.95	0.824	80

试样编号	费氏粒度/μm	松装密度/(g/cm³)	孔隙率/%
Mo-9	4.2	1.096	67
Mo-10	2.9	0.851	73
Mo-11	5.6	1.098	66.5
Mo-12	2.6	0.824	76

表 3.6 钼粉的粒度分布及比表面积

试样编号	$d_{0.1}$/μm	$d_{0.5}$/μm	$d_{0.9}$/μm	比表面积/(m²/g)
Mo-1	7.104	16.195	31.558	0.499
Mo-2	4.694	14.381	43.134	0.628
Mo-3	7.346	16.939	33.665	0.473
Mo-4	3.693	13.313	41.489	0.75
Mo-5	6.729	21.628	47.119	0.455
Mo-6	5.634	25.281	55.728	0.473
Mo-7	6.263	23.621	56.308	0.443
Mo-8	5.561	23.354	55.470	0.482
Mo-9	6.375	18.158	34.067	0.494
Mo-10	5.465	13.239	28.804	0.611
Mo-11	7.647	17.984	35.621	0.45
Mo-12	5.079	13.782	33.586	0.612

表 3.7 钼粉过筛后收得率

试样编号	筛上物质量/kg	筛下物质量/kg	收得率/%
Mo-1	0.34	1.05	75.5
Mo-2	0.5	0.65	56.5
Mo-3	0.1	1.1	91.7
Mo-4	0.8	0.5	38.5
Mo-5	0.45	0.80	64
Mo-6	0.75	0.55	42.3
Mo-7	0.50	0.9	64.3
Mo-8	1.00	0.30	23.1
Mo-9	0.15	1.1	88
Mo-10	0.25	1.24	83.2
Mo-11	0.10	1.30	92.9
Mo-12	0.75	0.6	44.4

表 3.8 钼粉杂质元素含量

试样编号	元素含量/ppm									
	Fe	Al	Si	Mn	Ni	Ti	Pb	Ca	K	O
Mo-1	15	<5	<7	<4	5	<8	<1	<8	25	525
Mo-2	12	<5	<7	<4	3	<8	<1	<8	28	632
Mo-3	13	<5	<7	<4	6	<8	<1	<8	24	321
Mo-4	10	<5	<7	<4	4	<8	<1	<8	27	716
Mo-5	16	<5	<7	<4	6	<8	<1	<8	21	756
Mo-6	10	<5	<7	<4	3	<8	<1	<8	22	786
Mo-7	12	<5	<7	<4	8	<8	<1	<8	20	623
Mo-8	9	<5	<7	<4	3	<8	<1	<8	21	810
Mo-9	12	<5	<7	<4	8	<8	<1	<8	24	556
Mo-10	10	<5	<7	<4	6	<8	<1	<8	26	687
Mo-11	10	<5	<7	<4	8	<8	<1	<8	23	523
Mo-12	8	<5	<7	<4	5	<8	<1	<8	25	748

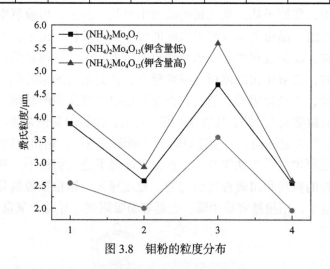

图 3.8 钼粉的粒度分布

从图 3.7 可以看出，由钼酸铵制备得到的钼粉的形貌基本相同，多为球形或多面体结构，大颗粒上有一些小颗粒，但钼粉的粒径明显不同。由图 3.7 还可以看出，在相同条件下，由四钼酸铵（M-2）还原得到的钼粉粒度小于由四钼酸铵（M-3）还原得到的钼粉的粒度，且小粒度钼粉的团聚更明显。

3.3.2 实验结果分析

在本书中，三种钼酸铵 M-1、M-2、M-3 的钾含量分别为 102ppm、32ppm

和 105ppm。从图 3.5、表 3.2、图 3.7 和表 3.5 可以看出，在相同还原条件下，钾含量高的钼酸铵还原得到的钼粉比钾含量低的钼酸铵还原得到的钼粉粒度大。用高钾四钼酸铵还原得到的钼粉最大粒径为 5.6μm。原因是在还原过程中，除去的氧原子会与氢原子结合形成水，钾原子会与反应过程中产生的水和氧发生反应，放出大量的热量，从而加速二氧化钼的脱氧反应，促进钼原子快速堆垛成晶体，使晶体生长，并在一定程度上延长还原反应过程，增加了钼粉颗粒的晶体生长时间，导致钼粉颗粒进一步增加[8]。钼粉中的杂质含量表明(表 3.8)，还原后得到的钼粉其钾含量差别不大，这是因为在还原过程中，钾的沸点低而挥发除去。

在二步还原时，氢气的露点相同，还原过程中的温度和氢气流量不同。从实验结果可以看出，相同原料在高温、低氢流量下还原，钼粉的粒径较大。一方面是因为温度越高，越有利于钼晶核的长大；另一方面是因为氢气流量越大，就越能带走还原过程中产生的水蒸气，导致炉内水蒸气分压降低，不利于钼粉颗粒的生长。当氢气流量较小时，炉内水汽浓度较大，有利于钼粉的生长。此外，在二氧化钼还原为钼粉的过程中，反应遵循化学气相迁移模型(图 3.9)，即在反应过程中，氢原子从二氧化钼的晶格中吸收氧原子，形成氧空位，然后基体进行晶格重组，晶格表面分离出规则的细小钼粉颗粒。由于原料上分离出细小的钼粉颗粒，反应过程中细小钼粉颗粒的阻力较小，它很容易长成规则的几何形状。同时，二氧化钼的体积也越来越小，直到最终的钼粉颗粒长大成规则的多面体形状，二氧化钼完全消失。在充分还原二氧化钼的基础上，还原温度越高，钼粉的粒度越大[9,10]。从表 3.8 可以看出，钼粉中其他杂质的含量相同，但铁、镍和氧的含量不同。二步还原时，还原温度越高，钼粉中铁镍含量越高，原因可能是还原炉材料为铁镍合金，铁镍在高温下进入钼粉中。氧含量的差异主要是由钼粉的粒径和团聚程度引起的，粒度越大，钼粉颗粒越分散，含氧量越低；粒度越小，钼粉越容易团聚，也越容易吸附氧，导致含氧量越高。

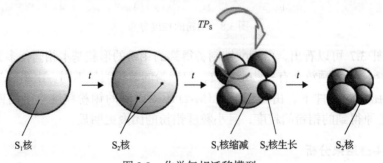

图 3.9　化学气相迁移模型

t 为时间；T 为温度；P_s 为压力

3.4 筛分对钼粉质量的影响

由于钼粉价格昂贵，实验室研究的纳米钼粉虽有优异的性能，但还无法进行批量生产。实际钼产品制备厂家购买的大量钼粉仍是以氢气还原方法批量生产的。由于原材料钼酸铵的质量不同，生产出的每批钼粉其质量也有所不同。此外通过氢气还原法生产出的钼粉不可避免地会出现不同程度的团聚现象，钼粉团聚会导致粒度不均匀、杂质含量增加等现象，致使钼粉的质量下降。对生产出的纯度为99.95%，符合国家标准的 FMo-1 的钼粉进行筛分处理，研究了不同筛分时间对钼粉粒度、成分及形貌的影响。

3.4.1 筛分时间对钼粉物理性能的影响

每次选取钼粉质量 40kg，用 200 目筛子(筛孔尺寸 74μm)进行筛分，研究钼粉筛分时间与筛下钼粉重量的变化规律，并对筛下钼粉理化指标等进行分析。

表 3.9 为钼粉的筛分时间与过筛后重量的实验结果。每隔 200s 称量筛下钼粉的质量，在筛分时间达到 4000s 时发现过筛后钼粉的质量基本无变化，此时停止过筛，最终称得筛下钼粉的质量为 35.35kg，与过筛前钼粉的总质量比为 88.38%，表明过筛前钼粉中可能有较为粗大的颗粒或团聚物，需对钼粉的微观形貌、成分等进一步分析来确定是团聚物、粗大颗粒还是其他杂质。

表 3.9 不同筛分时间下筛下钼粉的质量

筛分时间/s	筛下物质量/kg	过筛前后质量百分比/%
0	0	0
200	4.10	10.25
400	8.85	22.13
600	12.65	31.63
800	15.98	39.95
1000	19.25	48.13
1200	22.35	55.88
1400	24.92	62.30
1600	27.65	69.13
1800	29.86	74.65
2000	31.78	79.45
2200	33.15	82.88
2400	33.83	84.58
2600	34.62	86.55
2800	34.91	87.28
3000	35.32	88.30
最终	35.35	88.38

　　图 3.10 为筛分时间与筛下钼粉质量百分比的关系图。从图中可以看出，随筛分时间的增加，筛下钼粉的质量在开始阶段与时间呈线性关系，在筛分时间达到 2000s 后筛下钼粉的质量增加趋势减缓，在 3000s 后停止过筛。

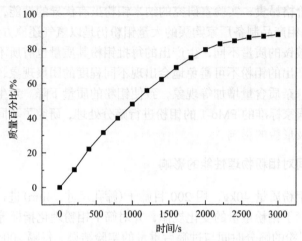

图 3.10　不同筛分时间与筛下钼粉的质量百分比关系图

　　为检测筛下钼粉及筛上钼粉中杂质元素的含量，分别选取过筛时间为 200s、1000s、2000s 和 3000s 时的筛下钼粉以及最终得到的筛上钼粉，并分析检测钼粉的理化指标。

　　过筛后及筛上钼粉的杂质元素含量见表 3.10。从表 3.10 可看出，硅元素在筛下钼粉中的含量没有变化，说明与筛分时间没有关系，比筛上物中的含量要低。镍、铁、铬元素的含量在筛分的开始阶段随筛分时间的增加而降低，但到达一定筛分时间后，其含量反而增加，主要是黏附在钼粉颗粒上的杂质会随着钼粉进入筛下物，但筛下钼粉中这些元素的含量均低于筛上钼粉中的含量。随着筛分时间的增加，氧元素含量有所降低，但筛上钼粉的氧含量比较高，说明团聚钼粉更容易吸附氧。筛分后钼粉中碳含量明显降低，但氮含量相比筛分之前有所增加，说明钼粉容易吸附空气中的氮。

表 3.10　不同筛分时间及筛上钼粉的主要杂质元素含量

筛分时间/s	主要杂质元素含量/ppm						
	Si	Ni	Fe	Cr	O	N	C
0	6	11	25	15	330	48	23
200	6	10	21	14	300	95	6
1000	6	10	19	13	320	83	8
2000	6	8	26	11	290	102	7
3000	6	11	28	14	310	103	9
筛上物	15	16	35	25	500	165	8

表 3.11 是经过不同筛分时间后筛下钼粉的理化指标。从表 3.11 可以看出，筛下钼粉的平均费氏粒度先是随着筛分时间增加而增加，但随后又呈现出减小的趋势，而筛上钼粉的平均费氏粒度低于筛下钼粉的平均费氏粒度；随着筛分时间的增加钼粉的松装密度增大。

钼粉经过不同时间筛分后的粒度分布见表 3.12。从 $d_{0.9}$ 这一列数据可以看出，通过筛分对粒度在 10μm 以上的钼粉影响最明显，筛分前有 90%的钼粉其粒度为11.77μm，筛分后筛上有 90%的钼粉粒度达到了 16.97μm。10μm 以上的钼粉体积分数从 15.42%增大到了 26.77%。筛分时间为 2000s 时，10μm 以上的钼粉体积分数达到最低值，为 12.06%。

表 3.11 不同筛分时间下钼粉的理化指标

筛分时间/s	平均费氏粒度/μm	孔隙度	松装密度/(g/cm³)
0	3.25	0.732	0.788
200	3.48	0.725	0.827
1000	3.43	0.723	0.884
2000	3.38	0.722	0.912
3000	3.26	0.720	0.945
筛上物	2.92	0.785	0.890

表 3.12 不同筛分时间下钼粉的粒度分布

筛分时间/s	$d_{0.1}$/μm	$d_{0.5}$/μm	$d_{0.9}$/μm	2~4μm钼粉体积分数/%	4~6μm钼粉体积分数/%	6~8μm钼粉体积分数/%	8~10μm钼粉体积分数/%	10μm以上钼粉体积分数/%
0	2.53	5.26	11.77	29.28	25.72	15.88	9.59	15.42
200	2.51	4.85	10.96	33.36	28.04	14.98	7.78	12.28
1000	2.58	5.05	11.89	31.25	27.25	15.20	8.32	14.67
2000	2.43	4.78	10.79	34.25	26.95	14.47	7.80	12.06
3000	2.48	4.96	11.86	31.91	26.24	14.75	8.21	15.08
筛上物	2.44	6.18	16.97	21.85	20.58	14.66	9.97	26.77

通过不同筛分时间对钼粉理化指标的影响可以得出：钼粉中团聚物较多，经过筛分后，筛除了部分大颗粒团聚物，钼粉性能得到改善，钼粉的各项理化指标在筛分时间为 2000s 时达到最优，可以为日后加工性能优异的纯钼靶材做准备。

3.4.2 筛分前后钼粉的微观形貌

选取过筛时间为 2000s 的钼粉，用扫描电镜对筛分前后钼粉的微观形貌进行观察。

　　图 3.11 是过筛前、过筛后筛上与筛下钼粉的微观形貌。从图 3.11(a)中可以看出，钼粉粒度不均匀，大小颗粒并存，大颗粒较多，小颗粒钼粉多以团聚体存在。图 3.11(b)是钼粉过筛后筛上物的微观形貌，许多团聚在一起的钼粉留在了筛上物中。而图 3.11(c)是钼粉过筛后筛下物的微观形貌，粉末分散均匀，且多以单颗粒形式存在，无明显团聚现象，说明钼粉过筛可以使钼粉粒度更加均匀，钼粉的品质得到改善。

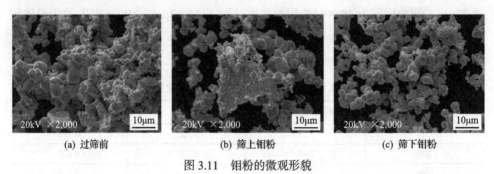

　　(a) 过筛前　　　　　　　　　(b) 筛上钼粉　　　　　　　　　(c) 筛下钼粉

图 3.11　钼粉的微观形貌

　　在钼粉过筛前，用扫描电子显微镜观察其形貌时，发现钼粉中有很多特殊形状的颗粒存在。图 3.12 为特殊形貌的钼粉，有"长棒状"、"糖葫芦状"、"葡萄状"、

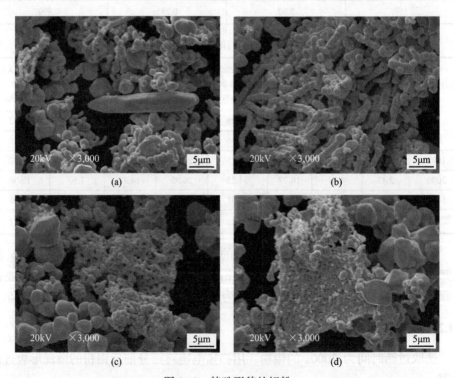

(a)　　　　　　　　　　　　　　　　　(b)

(c)　　　　　　　　　　　　　　　　　(d)

图 3.12　特殊形貌的钼粉

"锅巴状"等。这些形貌特殊的钼粉可能与制备钼粉所用的原料钼氨酸有关，也可能与制备钼粉工艺有关。"糖葫芦状"的钼粉像是还原得不彻底，钼粉颗粒没有完全分开，而团聚在一起的钼粉可能与杂质元素有关。

参 考 文 献

[1] 赵鸿雁, 冯建中, 黄伟, 等. 等离子体法制备喷涂用球形钼粉技术初探[J]. 兵器材料科学与工程, 2013, 36(1): 99-100.

[2] 吴争平, 尹周澜, 陈启元, 等. β 型四钼酸铵的制备及结晶过程[J]. 中南工业大学学报(自然科学版), 2001, 32(2): 135-138.

[3] Wu Z P, Yin Z L, Chen Q Y, et al. Effect of ultrasonic on crystallization of ammonium tetramolybdate[J]. The Chinese Journal of Nonferrous Metals, 2002, 12(1): 196-200.

[4] Huang H S, Lin Y C, Hwang K S. Effect of lubricant addition on the powder properties and compacting performance of spray-dried molybdenum powders[J]. International Journal of Refractory Metals & Hard Materials, 2002, 20: 175-180.

[5] Bolitschek J, Luidold S, O'Sullivan M. A study of the impact of reduction conditions on molybdenum morphology[J]. International Journal of Refractory Metals and Hard Materials, 2018, 71: 325-329.

[6] Kim G S, Lee Y J, Kim D G, et al. Consolidation behavior of Mo powder fabricated from milled Mo oxide by hydrogen-reduction[J]. Journal of Alloys and Compounds, 2008, 454: 327-330.

[7] Wang L, Zhang G H, Chou K C. Mechanism and kinetic study of hydrogen reduction of ultra-fine spherical MoO_3 to MoO_2[J]. International Journal of Refractory Metals and Hard Materials, 2016, 54: 342-350.

[8] 刘宏亮, 刘仁智, 王培华. 钼粉粒度及 K 含量的影响因素研究[J]. 中国钨业, 2015, 30(3): 33-37.

[9] Dang J, Zhang G H, Chou K C. Study on kinetics of hydrogen reduction of MoO_2[J]. International Journal of Refractory Metals & Hard Materials, 2013, 41: 356-362.

[10] Wang L, Zhang G H, Wang J S, et al. Study on hydrogen reduction of ultrafine MoO_2 to produce ultrafine Mo[J]. The Journal of Physical Chemistry, 2016, 120: 4097-4103.

第4章　纯钼板材单道次热变形行为

在用粉末冶金法制备纯钼和钼合金制品时，首先要将钼粉在一定压力下经冷等静压制成冷压坯，得到的冷压坯在中频感应炉或电阻炉中进行烧结，烧结过程中钼颗粒发生黏结，粉末颗粒表面减少、孔隙体积降低，烧结体强度会增加。此外，在烧结过程中，冷压生坯会经历物理化学变化，炉料中的水分会蒸发掉，吸附的气体会排除，钼粉颗粒表面的氧化物会被还原，钼原子之间加速扩散，颗粒间的接触面积增大，发生再结晶及晶粒长大等。烧结完成后，烧结体的密度也会得到一定的增加。虽然经过烧结，烧结体的密度会增加，孔隙体积会降低，但烧结体内部仍会存在一些组织缺陷，如晶粒粗大、有微孔存在、组织不够致密等。所以烧结后的钼烧结体还需要进一步进行塑性加工，使其强度和机械加工性能得到改善。

4.1　纯钼单道次热变形行为分析

在热变形过程中，金属材料随着变形的增加产生加工硬化和软化过程，发生动态回复、动态再结晶行为，金属内部结构也会发生很大变化，如原始晶粒破碎、新生晶粒长大等微观组织结构变化，而这些变化会对材料的性能产生直接的影响。动态再结晶会显著细化晶粒，提高机械性能，使材料的流动应力降低，是金属材料热成形过程中对组织有很大影响的微观组织演化过程。在动态再结晶过程中，材料内部的晶粒不断形核和长大，所形成的显微组织状态对材料内部晶粒大小和分布产生很大的影响，在一定程度上决定了材料的最终微观组织形态和力学性能。

根据单道次热压缩实验方案进行热模拟，得到一系列实验数据，将实验数据处理绘制成应力应变曲线，如图4.1所示。由图4.1可看出，单道次热变形应力应变曲线呈现出以下特点：①在变形刚开始阶段，应力和应变呈线性关系，随着应变的增大，应力急剧增加，直到达到临界值（记作 σ_c）。这是由加工硬化引起的。加工硬化会引起位错的堆积、缠结和相互作用，使材料的变形阻力大大增加，后续的变形难以进行。②随着变形继续进行，应力的增加趋势逐渐变缓，直到达到一个峰值应力 σ_p（此时对应的应变记作 ε_p，称为峰值应变）。这是由于随着变形的继续进行，纯钼内部储存的能量也逐渐增加，材料逐渐发生动态回复和动态再结晶（dynamic recrystallization，DRX），导致纯钼的软化速率增加，流变应力增加趋势开始变缓，直到达到最高值 σ_p，此时软化与加工硬化相平衡。③随着变形程度继续增加，动态再结晶也不断加强，当动态再结晶的软化作用超过硬化作用时，引起流变应力的降低、曲线下降。④当应变速率一定时，随着变形温度的升高，峰值应力 σ_p 会降低。这是因为随着变形温度的增加，钼原子运动速度加快，原子之间的结合力减弱，在应力应变曲线上的表现为变形抗力减小。变形温度越高，动态软化效果越明显，相同应变速率下的峰值应力便越小。⑤当变形温度相同时，随应变速率的增加，峰值应力相应增大。在较高的应变速率下，在较短的时间内就会达到同一变形量，变形晶粒进行动态软化的时间变短，来不及进行充分的动态软化，所以在相同的变形温度下，应变速率越大，峰值应力也越大[1,2]。

从图 4.1(a) 和 (b) 可以看出，当应变速率为 $0.01s^{-1}$ 和 $0.1s^{-1}$ 时，不同变形温度下的应力应变曲线具备以下共同的特点：随着真应变的增加，真应力呈现出先线性增加后增加趋势逐渐变缓的特征，待增大到峰值后又逐渐减小，然后逐渐趋于稳定。说明在该变形条件下纯钼发生了动态再结晶行为。在图 4.1(c) 和 (d) 中，当应变速率增加到 $1s^{-1}$、$10s^{-1}$ 时，纯钼在 1220℃ 和 1300℃ 下的应力应变曲线和图 4.1(a) 和 (b) 中的曲线变化趋势大体相同，仍具备动态再结晶曲线的特征。但与

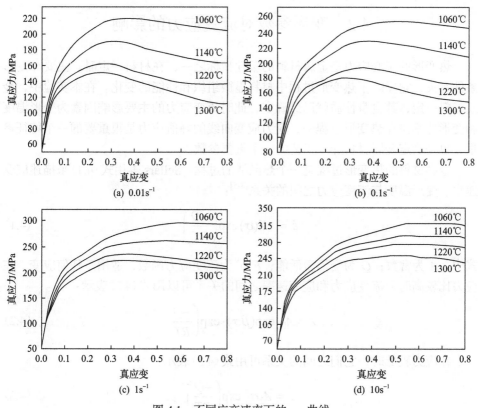

图 4.1　不同应变速率下的 σ-ε 曲线

低应变速率下的曲线相比，此时的真应力下降得并不多，说明动态再结晶程度有所下降；但在 1060℃ 和 1140℃ 这两个变形温度下，随着应变的增大，流变应力快速增大然后增加速度逐渐变缓，达到峰值后便基本保持不变，说明在这些变形条件下材料只会发生动态回复，而没有发生明显的动态再结晶。说明在高应变速率下，变形温度越高越有利于动态再结晶的发生。

从图 4.1 还可以看出，在各变形温度下，应变速率越小，应力应变曲线在达到峰值后其下降的趋势也越大。由图 4.1(d) 可见当变形温度为 1060℃、变形速率为 10s^{-1} 时，曲线的峰值应力最高，过了峰值后曲线基本没有明显的变化。在变形温度为 1300℃、变形速率分别为 0.01s^{-1} 和 10s^{-1} 时，应力应变曲线的下降趋势差别非常大，说明在相同的变形温度下，应变速率越小，再结晶软化越容易发生。

从以上分析可以得知：变形温度越高、变形速率越低在热变形过程中流变应力就会越快达到峰值，曲线有明显的下降趋势，动态再结晶也越明显。这是因为在较低的应变速率和较高的变形温度下，位错有足够的再结晶驱动力和充分的再结晶时间，位错进行滑移和攀移的数目增多，再结晶软化程度大，流变应力下降得也越多。

4.2　变形参数对流变应力的影响

热变形的流变应力是金属材料的塑性指标之一，在材料一定时，主要与变形条件有关，它反映了热变形过程中材料显微组织和性能的变化。在本实验中，金属材料一定，其自身性质就已经确定，此时流变应力的主要影响因素为变形温度和变形速率。在热变形过程中，应力应变曲线的峰值应力是很重要的一个特征参量，也是确定金属材料加工工艺的一个重要参数。

金属材料的热变形过程是一个热激活的过程。Sellars 等用式 (4.1) 来描述应变速率、变形温度与流变应力之间的关系[3-5]：

$$\dot{\varepsilon} = AF(\sigma)\exp\left(\frac{-Q}{RT}\right) \tag{4.1}$$

式中，A 为常数；Q 为变形激活能；$F(\sigma)$ 为流变应力函数，适用于任何应变。在应力比较高时，流变应力和应变速率之间的关系可以用式 (4.2) 表示：

$$\dot{\varepsilon} = A_1 \cdot \exp(\beta\sigma) \cdot \exp\left(\frac{-Q}{RT}\right) \tag{4.2}$$

在应力较低时，它们之间的关系可用式 (4.3) 表示：

$$\dot{\varepsilon} = A_2\sigma^n \exp\left(\frac{-Q}{RT}\right) \tag{4.3}$$

式中，A_1、A_2、n 和 β 均为与温度无关的常数。

而双曲正弦函数模型 Arrhenius 公式[6]适用于所有应力水平：

$$\dot{\varepsilon} = A\left[\sinh(\alpha\sigma)\right]^n \exp\left(\frac{-Q}{RT}\right) \qquad (4.4)$$

式中，$\alpha = \beta/n$。

分别将式(4.2)～式(4.4)两边取对数可得

$$\ln\dot{\varepsilon} = \ln A_2 + \beta\sigma - \frac{Q}{RT} \qquad (4.5)$$

$$\ln\dot{\varepsilon} = nA_1 + n\ln\sigma - \frac{Q}{RT} \qquad (4.6)$$

$$\ln\dot{\varepsilon} = n\ln\sinh(\alpha\sigma) + \ln A - \frac{Q}{RT} \qquad (4.7)$$

将不同变形温度下应力应变曲线的峰值应力代入式(4.5)和式(4.6)中，计算所得的数据见表 4.1。由表中的数据可绘制出 $\ln\dot{\varepsilon}$-σ 和 $\ln\dot{\varepsilon}$-$\ln\sigma$ 的关系图，如图 4.2 和图 4.3 所示。

表 4.1　不同变形条件下计算所得的数据

温度/℃	应变速率/s⁻¹	σ_p/MPa	$\ln\sigma$	$\ln\dot{\varepsilon}$
1060	0.01	219.7	5.39	−4.60
	0.1	256.8	5.55	−2.31
	1	297.5	5.70	0
	10	319.3	5.77	2.31
1140	0.01	190.7	5.25	−4.60
	0.1	228.4	5.43	−2.31
	1	262.3	5.57	0
	10	293.6	5.68	2.31
1220	0.01	162.3	5.09	−4.60
	0.1	193.1	5.26	−2.31
	1	235.5	5.46	0
	10	276.2	5.62	2.31
1300	0.01	151.7	5.02	−4.61
	0.1	181.3	5.20	−2.31
	1	224.1	5.41	0
	10	251.8	5.53	2.31

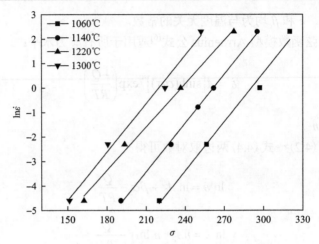

图 4.2　不同热变形温度下 $\ln\dot{\varepsilon}$-σ 的关系

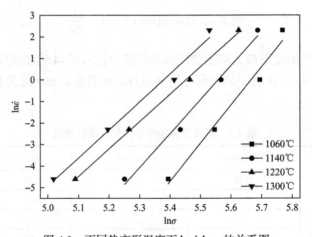

图 4.3　不同热变形温度下 $\ln\dot{\varepsilon}$-$\ln\sigma$ 的关系图

图 4.2 和图 4.3 中四条直线斜率的平均值,即为 β 和 n 的值,计算可得 β=0.0644,n=14.78,由此可得 α=β/n=0.0044。将 α 代入式(4.7),绘制 $\ln\dot{\varepsilon}$ - $\ln\sinh(\alpha\sigma)$ 的曲线,如图 4.4 所示。

从图 4.4 可知实验数据均满足一定线性关系。双曲正弦函数适合用来描述它们之间的关系。

变形参数对流变应力的影响见图 4.5。由图 4.5(a)可以看出,在相同的应变速率下,应力的峰值随变形温度的升高而降低[7,8]。原因是当变形温度较高时,原子运动加快,位错和空洞的活性较高,有可能出现新的滑移系使变形更容易,流变应力降低[7,9]。从图 4.5(b)可看出,在相同的变形温度下,流变应力随着应变速率的增大而增大。原因是随着应变速率的增加,材料的形变储存能增加,加工硬化明显,流变应力相应增加。

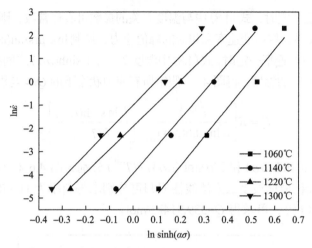

图 4.4 不同变形温度下 $\ln\dot{\varepsilon}$-$\ln\sinh(\alpha\sigma)$ 的关系

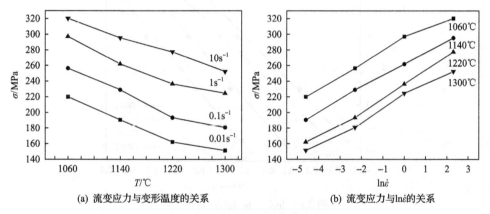

(a) 流变应力与变形温度的关系　　　　(b) 流变应力与$\ln\dot{\varepsilon}$的关系

图 4.5 流变应力与变形参数的关系

4.3 本构方程的建立

4.3.1 热变形激活能的确定

热变形激活能(Q)也可叫作动态软化激活能,可以用来表示材料热变形的难易程度。它反映了材料在热变形过程中加工硬化与动态软化之间的平衡关系。

对式(4.7)进行变形,可得

$$\ln\sinh(\alpha\sigma) = \frac{Q}{nRT} + \frac{\ln\dot{\varepsilon}}{n} - \frac{\ln A}{n} \tag{4.8}$$

求出式(4.8)中的 A、n、α 值,即可求出材料的热变形激活能 Q。前面已计算出 α=0.0044,n=14.78。

　　当变形温度一定时，式(4.8)中与温度有关的参数可看作常数，则 $\ln \sinh(\alpha\sigma)$ 与 $\ln\dot{\varepsilon}$ 存在线性关系，取应变速率和相应的峰值应力，绘制 $\ln\dot{\varepsilon}$-$\ln\sinh(\alpha\sigma)$ 的关系图，结果见图 4.6。应变速率一定时，式(4.8)中温度 T^{-1} 与 $\ln\sinh(\alpha\sigma)$ 之间存在线性关系，取应力峰值和相应的温度，得图 4.7。假定所有应力状态下的 Q 均与温度无关，则有

$$Q = R\left[\frac{\partial \ln\dot{\varepsilon}}{\partial \ln\sinh(\alpha\sigma)}\right]_T \cdot \left[\frac{\partial \ln\sinh(\alpha\sigma)}{\partial(T^{-1})}\right]_\varepsilon \qquad (4.9)$$

式中，$\partial\ln\dot{\varepsilon}/\partial\ln\sinh(\alpha\sigma)$ 和 $\partial\ln\sinh(\alpha\sigma)/\partial(T^{-1})$ 分别为图 4.6 和图 4.7 中四条直线斜率的平均值。根据最小二乘法线性回归可分别求得斜率为 11.178 和 3657.588。将数据代入式(4.9)，可求得 Q=339.914kJ/mol。

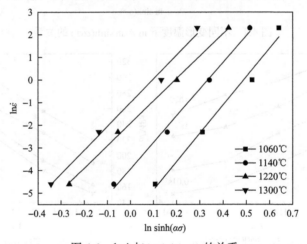

图 4.6　$\ln\dot{\varepsilon}$ 与 $\ln\sinh(\alpha\sigma)$ 的关系

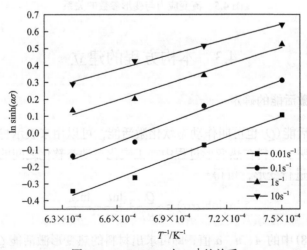

图 4.7　$\ln\sinh(\alpha\sigma)$ 与 T^{-1} 的关系

4.3.2　流变应力与 Z 参数关系求解

Zener-Hollomon 等提出了温度补偿的应变速率因子（Z 参数），它是金属热变形过程中很重要的一个参数，可以反映热变形的难易程度，其表达式[10-13]如式（4.10）所示：

$$Z = A\left[\sinh(\alpha\sigma)\right]^n = \dot{\varepsilon}\exp\left(\frac{Q}{RT}\right) \tag{4.10}$$

式中，Q 为热变形激活能；在应力水平较高时，A 是结构因子；当应力水平较低时，α 为 Z 参数和应变速率之间的相关性从指数关系变化到幂指数关系时所对应的应力的倒数，n 是温度补偿应变速率敏感性的倒数。对式（4.10）两边取对数可得

$$\ln Z = n\cdot\ln\sinh(\alpha\sigma) + \ln A \tag{4.11}$$

$$\ln Z = \ln\dot{\varepsilon} + \frac{Q}{RT} \tag{4.12}$$

从式（4.11）可以看出，$\ln\sinh(\alpha\sigma)$ 与 $\ln Z$ 存在线性关系，$\ln A$ 的值为该直线的截距，n 值为该直线的斜率。将计算得到的 Q 值代入式（4.12）可得到不同变形条件下的 $\ln Z$ 值，数据整理在表 4.2 中，根据数据绘图 4.8。求得 $\ln A = 25.18$，$n = 11.026$，则 $A = e^{25.18} \approx 8.62\times 10^{10}$。

将计算所得的参数值带入式（4.10）中，求得流变应力与 Z 参数关系式为

$$Z = 8.62\times 10^{10}\left[\sinh(4.4\times 10^{-3}\sigma)\right]^{11.026}$$

表 4.2　纯钼烧结坯在不同变形条件下的 $\ln Z$ 值

T/K	$\dot{\varepsilon}$ / s^{-1}			
	0.01	0.1	1	10
1333	26.07	28.37	30.67	32.97
1413	24.33	26.63	28.94	31.24
1493	22.78	25.08	27.39	29.69
1573	21.39	23.69	25.99	28.29

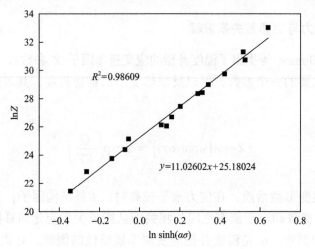

图 4.8　　$\ln Z$ 与 $\ln\sinh(\alpha\sigma)$ 的关系

4.3.3　本构方程的建立

对 $Z = A\left[\sinh(\alpha\sigma)\right]^{n} = \dot{\varepsilon}\,\exp\left(\dfrac{Q}{RT}\right)$ 进行变形可得

$$\sinh(\alpha\sigma) = \left(\frac{Z}{A}\right)^{\frac{1}{n}} \tag{4.13}$$

由双曲正弦函数的定义，可得式 (4.14)：

$$\sinh^{-1}(\alpha\sigma) = \ln(\alpha\sigma + \alpha\sigma^{2} + 1)^{0.5} \tag{4.14}$$

将上述关系式进行变形，可得式 (4.15) 所示的与流变应力有关的本构方程：

$$\sigma = \frac{1}{A}\left\{\left(\frac{Z}{A}\right)^{\frac{1}{n}} + \left[\left(\frac{Z}{A}\right)^{\frac{2}{n}} + 1\right]^{0.5}\right\} \tag{4.15}$$

将计算所得的数值带入式 (4.4)、式 (4.15) 即可得到纯钼烧结坯在单道次热变形条件下本构方程：

$$\dot{\varepsilon} = 8.62 \times 10^{10}\left[\sinh(4.4 \times 10^{-3})\sigma\right]^{11.026}\exp\left(\frac{-339.914}{8.314T}\right)$$

$$\sigma = \frac{1}{8.62 \times 10^{10}}\left\{\left(\frac{Z}{8.62 \times 10^{10}}\right)^{0.091} + \left[\left(\frac{Z}{8.62 \times 10^{10}}\right)^{0.182} + 1\right]^{0.5}\right\}$$

4.4　热变形加工硬化分析

应变硬化是塑性变形引起的位错增殖和位错之间相互作用的自然反映,而应变硬化指数(strain hardening exponent, SEH)n_{SEH}是变形过程中表征加工硬化性能的重要指标,它反映了材料的应变局部化,是在拉伸或者压缩过程中的均匀塑性变形阶段提出的[14]。一般而言,在拉伸过程中材料颈缩发生之前,n_{SEH}的值介于0~1,故它是用来描述拉伸变形过程中的最大均匀应变的材料常数;在等温压缩试验中由于材料不会发生颈缩现象,n_{SEH}的数值范围可以扩大,而压缩变形中n_{SHE}的变化可以揭示流变应力的变化[15-17]。

近年来,中外学者对应变硬化行为与应变硬化指数n_{SEH}之间的关系进行了大量的研究,结果表明应变硬化指数n_{SEH}会随着塑性应变的增加和动态软化行为发生变化,低温和高应变速率均有助于提高n_{SEH}[18,19]。Luo 等[20]研究发现 Ti-6Al-4V 合金的应变硬化指数对应变速率敏感,应变硬化指数n_{SEH}的变化取决于加工硬化和动态软化之间的动态竞争结果。Gao 等[21]研究了变形温度对珠光体钢和低碳钢应变硬化指数的影响,发现应变硬化指数随着变形温度的降低而增加。本小节依据上述研究,根据材料在初始变形阶段发生塑性变形,采用 Hollomon 公式来表达真应力与应变之间的关系:

$$\sigma = M\varepsilon^{n} \tag{4.16}$$

对式(4.16)两边取自然对数,可得

$$\ln\sigma = \ln M + n\ln\varepsilon \tag{4.17}$$

对式(4.17)求微分可得

$$n_{SEH} = \frac{\mathrm{d}\ln\sigma}{\mathrm{d}\ln\varepsilon} \tag{4.18}$$

式中,σ是真应力;ε是真应变;M是强度系数(MPa);n_{SEH}是应变硬化指数。

真应力和真应变之间的对数关系是非线性的,说明应变硬化指数n_{SEH}是应变在恒定变形温度和应变率下的函数,依据热变形应力应变实验数据,绘制如图 4.9 所示的不同变形条件下的$\ln\sigma$-$\ln\varepsilon$曲线。曲线总体特征是$\ln\sigma$与$\ln\varepsilon$呈非线性关系,随着变形温度的不断升高或应变速率的降低,位错运动的能量和时间的增加促进了动态再结晶的发生。塑性变形阶段,$\ln\sigma$与$\ln\varepsilon$具有线性关系,随着应变的增加应力迅速增加,加工硬化占主导;随着应变增加,材料发生动态软化,曲线斜率发生变化,增加趋势变缓达到一个峰值(类似开口线下抛物线极值);当动态软化足以抵消等温压缩过程中的加工硬化效应时，$\ln\sigma$ 随着 $\ln\varepsilon$ 的增加而开始减小，动态软化逐渐占主导地位[22,23]。$\ln\sigma$-$\ln\varepsilon$ 曲线斜率的瞬时变化现象表明了材料热压缩过程中加工硬化与动态软化之间存在动态竞争关系，且 $\ln\sigma$-$\ln\varepsilon$ 曲线的变化与前面所述应力应变曲线的变化规律一致。

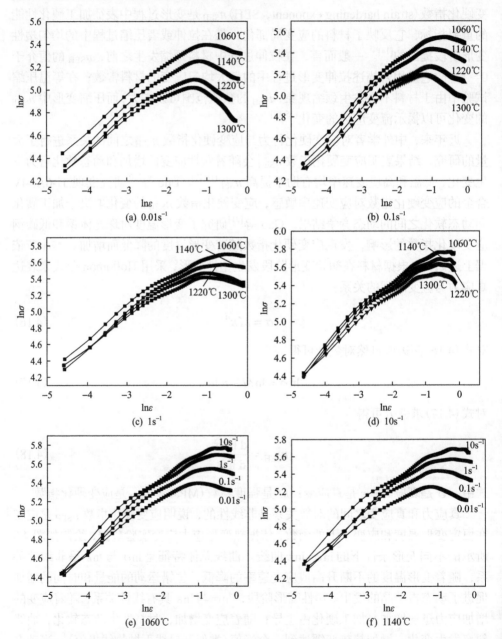

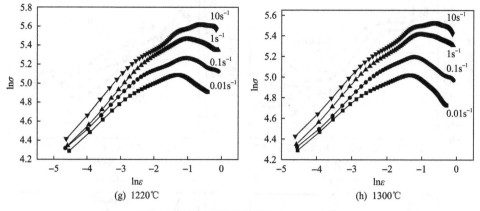

(g) 1220℃　　　　　　　　　(h) 1300℃

图 4.9　不同变形条件下的 $\ln\sigma$-$\ln\varepsilon$ 曲线

此外，由图 4.9 可知，当应变速率较低时，各变形温度下 n_{SEH} 曲线变化不是很大；在低温高应变速率下，n_{SEH} 减小趋势变小，即动态软化效果微弱，加工硬化效果占主导地位，而应变速率为 $10s^{-1}$ 时，$\ln\sigma$-$\ln\varepsilon$ 曲线几乎没有减小趋势，且同一应变速率下，各变形温度下曲线斜率对比变化不大[图 4.9(a)～(d)]，故在应变速率一定时，纯钼应变硬化指数 n_{SEH} 对变形温度变化不太敏感。对比分析图 4.9 各变形温度下 $\ln\sigma$-$\ln\varepsilon$ 曲线[图 4.9(e)～(h)]可知：当变形温度一定时，随之应变速率的增大，曲线峰值越来越不明显，且应变硬化指数 n_{SEH} 减小现象越来越不明显，即材料的动态软化效果随着应变速率的升高而减弱，即当变形温度一定时，纯钼应变硬化指数 n_{SEH} 对应变速率变化有很强敏感性。材料在实验条件下，应变硬化指数对应变速率变化的敏感性比对变形温度的敏感性大，故实际生产中可着重通过调整应变速率来对材料的加工进行调控。

由图 4.9 可知，应变硬化指数 n_{SEH} 值有正负之分，为更加直观地表述 n_{SEH} 值正负变化与材料变形量的关系，绘制如图 4.10 所示的各变形条件下的 n_{SEH} 与 ε 的关系曲线。从图 4.10 可知，当 $n_{SEH}>0$ 时，对应 $\ln\sigma$-$\ln\varepsilon$ 曲线上升阶段，加工硬化占主导地位，一旦 $\ln\sigma$ 值超过第一个峰值，动态软化[包括动态恢复(DRV)和动态再结晶(DRX)]作用占主导，使 n_{SEH} 降到负值。由于 DRV 或 DRX，使材料因变形产生的位错湮灭而产生软化效果。此外，当应变速率一定时，$n_{SEH}=0$ 时对应的应变会随着变形温度的升高而减小；而当变形温度一定时，$n_{SEH}=0$ 时对应的应变会随着应变速率的增大而增大；故增加应变速率和降低变形温度可以提高应变硬化，即在低温或者高应变速率下，材料发生塑性变形的变形量范围增大。

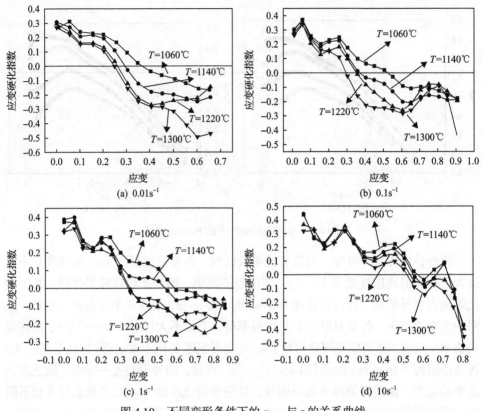

图 4.10　不同变形条件下的 n_{SEH} 与 ε 的关系曲线

4.5　热变形后纯钼的组织及性能

4.5.1　热变形后纯钼的组织

　　从图 2.1 钼烧结坯金相组织中可以看出钼压坯烧结后其组织不够致密,存在大量的烧结空洞,在晶界和晶粒内部烧结空洞都有分布,烧结板坯原始晶粒比较粗大,为等轴晶。

　　图 4.11 为纯钼在不同应变速率下热变形后的金相组织。从图 4.11 与图 2.1 中烧结后的金相组织对比可知,纯钼板坯经过热压缩变形后,原始的等轴晶粒被压缩、拉长,组织以扁平的变形大晶粒为主,呈纤维状。从图 4.11(a)和(b)中可以看到,经过压缩变形后晶粒被拉长,出现大量的压缩裂纹(箭头所示)。说明在该变形条件下几乎没有发生动态再结晶,主要因为变形温度较低、应变速率较大,在此种情况下材料达到预设变形量所用的时间较短,由变形存储的激活能来不及释放,软化效果无法完全抵消加工硬化。在图 4.11(c)、(d)的变形条件下,无明

显的裂纹出现，且变形后的纤维状组织其尺寸相应增大，虽无明显的动态再结晶行为出现，但其塑性变好，因此在变形温度较低的情况下，需采取较小的应变速率。

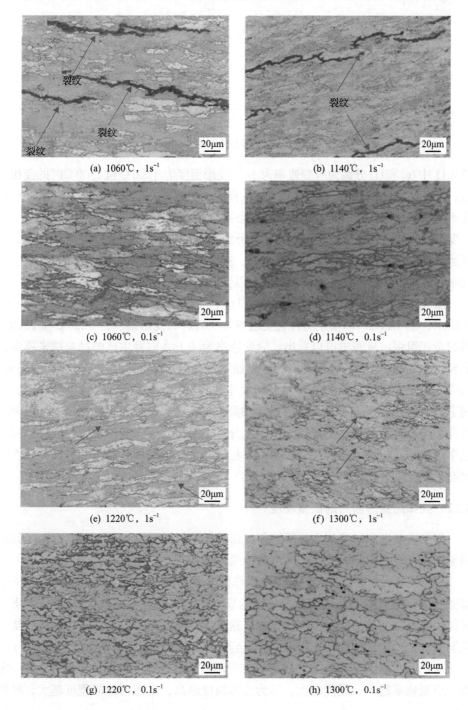

(a) 1060℃，1s⁻¹　　　　　　　　　　(b) 1140℃，1s⁻¹

(c) 1060℃，0.1s⁻¹　　　　　　　　　(d) 1140℃，0.1s⁻¹

(e) 1220℃，1s⁻¹　　　　　　　　　　(f) 1300℃，1s⁻¹

(g) 1220℃，0.1s⁻¹　　　　　　　　　(h) 1300℃，0.1s⁻¹

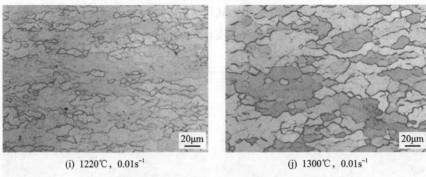

(i) 1220℃，0.01s⁻¹　　　　　　　　　(j) 1300℃，0.01s⁻¹

图4.11　不同热变形条件下纯钼的金相组织

图4.11中(e)和(f)分别为应变速率为1s^{-1}、变形温度为1220℃和1300℃时的金相组织。在该变形条件下，无裂纹出现，并且有少量的细小晶粒生成，如图中箭头所示。在该变形条件下，纯钼已经开始发生动态再结晶。因此在相同的应变速率下，变形温度越高，材料越容易发生动态再结晶行为。因为温度越高，热激活作用越强，原子运动加快，它们之间的结合力就越小，变形抗力减小，裂纹逐渐减少，故在应变速率较大时，应选择较高的变形温度，以便促使材料发生变形[24]。

图4.11(g)和(h)分别为应变速率0.1s^{-1}、变形温度为1220℃和1300℃时的金相组织；图4.11(i)和(j)分别为应变速率为0.01s^{-1}、变形温度为1220℃和1300℃时的金相组织。从图中可以看出，应变速率为0.1s^{-1}时新生成的晶粒越来越多，晶粒尺寸也相应增大，说明此时已经开始发生动态再结晶，但再结晶程度不完全。当应变速率为0.01s^{-1}时动态再结晶现象非常明显，特别是当温度为1300℃、应变速率为0.01s^{-1}时，晶粒已初步具备等轴晶粒的特征，其尺寸也明显增大，说明该条件下动态再结晶程度明显增大。由此分析结果可知：当变形温度相同时，应变速率越小，晶粒尺寸越大；当应变速率相同时，变形温度越高，晶粒尺寸越大，动态再结晶越容易发生。

4.5.2　纯钼热变形前后的显微硬度

用维氏硬度测试仪测出热压缩前纯钼试样的显微硬度为184.8HV。热变形后，纯钼的硬度发生明显的变化，其测试结果如表4.3所示。

根据表4.3中测试得到的硬度数据作图，图4.12为纯钼在不同变形温度下的显微硬度，图4.13为不同应变速率下的显微硬度。从表4.3中的数据可以看出，试样经热压缩变形后硬度都有所增加，这是因为热变形后原来的晶粒破碎，烧结孔洞被焊合，组织更加致密，此外变形会产生加工硬化，所以硬度增大。由图4.12和图4.13可知，当应变速率一定时，变形温度越高，硬度越小；当变形温度一定时，应变速率越大，硬度越大。因为变形温度越高，动态再结晶程度越大，材料软化程度变大，硬度变小；应变速率越大，加工硬化的程度也会越大，导致材料硬度增加[25]。

表 4.3　变形后纯钼的显微硬度　　　　　　　　　（单位：HV）

变形速率/s⁻¹	1060℃	1140℃	1220℃	1300℃
0.01	232.6	225.2	212.0	205.6
0.1	239.8	232.8	225.7	224.0
1	246.9	240.7	233.8	231.3
10	262.6	254.5	247.8	242.5

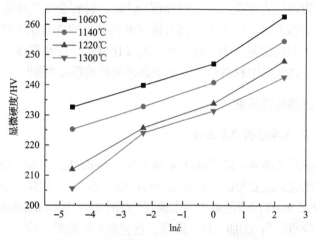

图 4.12　不同变形温度下纯钼的显微硬度

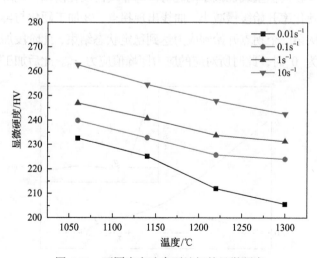

图 4.13　不同应变速率下纯钼的显微硬度

4.6　动态再结晶应变模型

在热变形中材料会发生动态回复及动态再结晶等过程，这些过程会直接影响材料的组织，从而影响其性能。

在动态再结晶过程中，会生成新的晶核并不断地长大，一方面会降低加工硬化所造成的位错增值和塞积，起到软化的作用；另一方面还能细化晶粒，使材料的性能得到改善。动态再结晶临界条件是建立动态再结晶数学模型的基础，对材料的热加工工艺有一定的指导作用[26]。

有学者认为在应力应变曲线出现峰值(σ_p)时，材料会发生动态再结晶行为，此时对应的应变称为峰值应变 ε_p；但有研究发现材料的应力在未到达峰值之前，已经开始发生动态再结晶行为，此时的应变要比峰值应变小很多。再结晶临界应变记作 ε_c，它是热变形中材料是否发生动态再结晶的重要判据[27]，而 $\varepsilon_c < \varepsilon_p$。

4.6.1　动态再结晶临界应变

1. 典型的动态再结晶 θ-σ 曲线

典型的动态再结晶 θ-σ 图[28]如图 4.14 所示，$\theta = \mathrm{d}\sigma/\mathrm{d}\varepsilon$，为加工硬化率。理论认为动态再结晶在应力应变曲线上的第二个拐点处开始发生。发生动态再结晶的临界点可根据 ($-\partial\theta/\partial\sigma$-$\sigma$) 曲线的最小值来确定。在图 4.14 中，动态再结晶应力应变曲线可分为三个阶段[1,29]：①加工硬化阶段。在变形开始阶段，应力与应变呈线性关系，加工硬化率较高但呈线性减小的趋势。②非线性硬化阶段。此阶段动态回复增加，因此加工硬化率开始缓慢减小，曲线出现拐点。③加工硬化与再结晶软化并存阶段。此阶段从第二个拐点开始到应力达到稳定状态结束，此阶段加工硬化率不断减小，当其变为 0 时，此时所对应的应力即峰值应力 σ_p。此后加工硬化率变为负

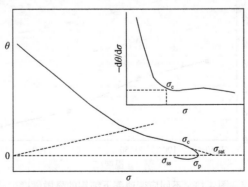

图 4.14　典型的 θ-σ 与 ($-\partial\theta/\partial\sigma$)-$\sigma$ 曲线示意图[28]

值，以动态软化为主。在 θ-σ 曲线上第二个拐点出现时，$-\partial\theta/\partial\sigma$-$\sigma$ 曲线达到极小值，$\partial\theta/\partial\sigma=0$ 时对应的应力值即为所求的临界应力 σ_c[30]。

2. 动态再结晶临界应变的计算

Ryan 和 Mcqueen[31]、Poliak 和 Jonas[32]等学者根据热力学不可逆原理，提出了发生动态再结晶的临界条件[33]。

采用 Najafizadeh 和 Jonas[34]提出的三阶多项式(4.19)对 θ-σ 曲线进行拟合：

$$\theta = a + b\sigma + c\sigma^2 + d\sigma^3 \tag{4.19}$$

式中，除 θ 与 σ 外，其余均为常数。

对式(4.19)进行二阶求导，当 $\dfrac{\partial}{\partial\sigma}\left(\dfrac{\partial\theta}{\partial\sigma}\right)=0$，即可求得发生动态再结晶时的临界应力值 σ_c，对式(4.19)进行二阶求导，可得

$$\sigma_c = -\frac{c}{3d} \tag{4.20}$$

根据单道次热变形得到的应变速率为 0.01s^{-1} 时的实验数据，绘制 θ-σ 曲线，如图 4.15 所示，$(-\partial\theta/\partial\sigma)$-$\sigma$ 曲线如图 4.16 所示。根据临界应力值即可求出相应的临界应变 ε_c，计算结果如表 4.4 所示。对临界应力、峰值应力、临界应变和峰值应变用最小二乘法线性回归进行拟合，绘制应变速率为 0.01s^{-1} 时的 σ_c-σ_p 和 ε_c-ε_p 的线性关系图，分别如图 4.17、图 4.18 所示。由计算所得的数据可知，当应变速率为 0.01s^{-1} 时，各变形温度下临界应力与峰值应力、临界应变和峰值应变存在以下关系：$\sigma_c/\sigma_p=0.92$、$\varepsilon_c/\varepsilon_p=0.56$。

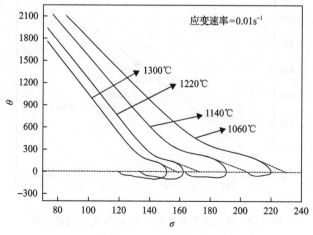

图 4.15　应变速率为 0.01s^{-1} 时的 θ-σ 曲线

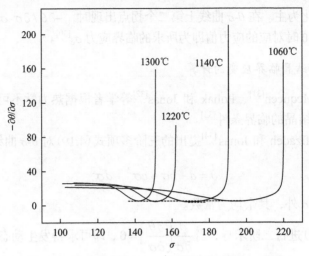

图 4.16　应变速率为 0.01s⁻¹ 时的 (−∂θ/∂σ)-σ 曲线

表 4.4　应变速率为 0.01s⁻¹ 时动态再结晶的峰值应变和临界应变

$\dot{\varepsilon}$ /s⁻¹	T/℃	σ_p	ε_p	σ_c	ε_c
	1060	220.07	0.37	210.57	0.209
	1140	190.70	0.31	182.74	0.181
0.01	1220	162.24	0.27	156.90	0.162
	1300	151.34	0.26	147.41	0.158

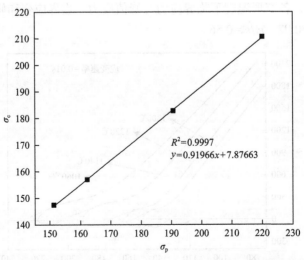

图 4.17　应变速率为 0.01s⁻¹ 时 σ_c 与 σ_p 之间的关系

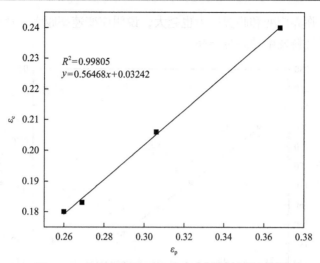

图 4.18 应变速率为 0.01s^{-1} 时 ε_c 与 ε_p 之间的关系

同理可求出应变速率分别为 0.1s^{-1}、1s^{-1} 和 10s^{-1} 时的临界应力、峰值应力、临界应变和峰值应变，计算结果如表 4.5 所示。其他变形条件下临界应变与峰值应变存在以下关系：$\varepsilon_c/\varepsilon_p=0.56\sim0.62$。

表 4.5 其他变形条件下的计算值

$\dot{\varepsilon}$ /s^{-1}	T/℃	σ_p	ε_p	σ_c	ε_c
0.1	1060	256.38	0.51	247.52	0.32
	1140	229.07	0.36	220.23	0.26
	1220	193.51	0.34	179.76	0.20
	1300	180.62	0.29	168.20	0.17
1	1060	297.23	0.59	279.43	0.36
	1140	261.41	0.51	253.13	0.32
	1220	235.67	0.41	223.98	0.24
	1300	224.50	0.34	200.12	0.19
10	1060	317.67	0.64	298.17	0.38
	1140	294.71	0.59	277.12	0.36
	1220	277.44	0.52	261.51	0.33
	1300	250.81	0.48	241.64	0.30

根据表 4.4 和表 4.5 所得的数据，绘制应变速率为 0.01s^{-1} 时不同温度下的临界应变和临界应力(图 4.19)，不同应变速率下的 ε_c(图 4.20)。从图中可看出，当应变速率一定时，温度越高，临界应变和临界应力越小，说明变形温度越高，达到临界条件就越容易，材料就越容易发生动态再结晶；而当变形温度一定时，应

变速率越大，临界应变和临界应力也越大，说明应变速率越大，达到临界条件就越难，不利于材料发生动态再结晶。

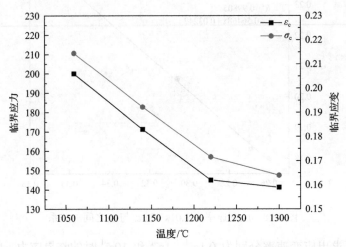

图 4.19　不同变形温度下的临界应变和临界应力(应变速率 0.01s^{-1})

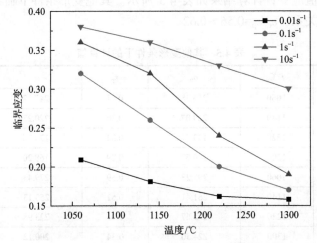

图 4.20　不同应变速率和变形温度下的临界应变

4.6.2　动态再结晶临界应变模型

由应力应变曲线和 θ-σ 曲线可知，ε_p 和 ε_c 不仅受变形温度和应变速率的影响，与 Z 参数也有关，还与材料的原始晶粒尺寸和热变形激活能有关。

根据有关研究[35,36]，ε_p 与 Z 参数的关系见式(4.21)：

$$\varepsilon_p = a_1 d_0^n \dot{\varepsilon}^m \exp\left(\frac{Q}{RT}\right) = a_1 d_0^n Z^m \tag{4.21}$$

式中，ε_p 为峰值应变；Q 为热变形激活能，前面计算得出 $Q=339.914\text{kJ/mol}$；R 为气体常数；d_0 为材料的原始晶粒尺寸，μm；T 为绝对温度，K；其他均为常数。

原始晶粒尺寸的影响忽略不计，对式(4.18)两边取对数得到式(4.22)：

$$\ln\varepsilon_p = \ln a_1 + m\ln Z \tag{4.22}$$

绘制 $\ln\varepsilon_p$-$\ln Z$ 的关系图，见图 4.21，可求得 $a_1=0.35$，$m=0.037$。

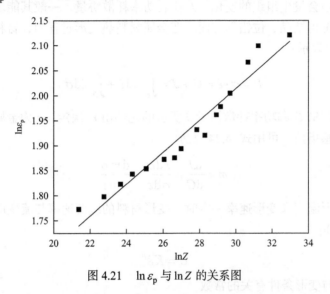

图 4.21　$\ln\varepsilon_p$ 与 $\ln Z$ 的关系图

将计算所得值代入式(4.22)，得到纯钼板坯单道次热压缩峰值应变模型：

$$\varepsilon_p = 0.35Z^{0.037}$$

$$\varepsilon_c = (0.56\sim0.62)\cdot\varepsilon_p = (0.196\sim0.217)Z^{0.037}$$

4.7　热加工图

热加工图是一种用来描述金属或合金热加工性能的图形，通过热加工图可判断金属或合金材料热加工时性能的好坏，分析材料在热变形时的稳定区域与不稳定区域，使加工工艺参数得到优化。由于数学模型的不同，可把热加工图分成三类：①基于原子模型的热加工图[37]；②基于极性交互模型的热加工图[38]；③基于动态材料模型的热加工图，动态材料模型简称 DMM(dynamic materials model)。目前比较常用的是基于 DMM 的热加工图。本节以动态材料模型为基础建立纯钼板坯的热加工图。

4.7.1 基于 DMM 理论的热加工图理论

Gegel 等[39]和 Prasad 等[40]最早提出了 DMM 模型，功率耗散图是在此基础上建立的，此模型将金属加工过程作为一个系统，将外界输入金属材料的功率消耗分成两方面：①金属在发生变形时消耗的能量记作 G，叫作功率耗散量，其大部分会转变为热能，剩余的一小部分以晶格畸变能的形式储存于金属中；②金属在热加工过程中会发生组织的变化，J 代表功率耗散协量，一般其能量会消耗在动态回复、动态再结晶、位错等方面。在金属材料热变形过程中，材料吸收的能量可用式(4.23)表示：

$$P = \sigma \cdot \dot{\varepsilon} = G + J = \int_0^{\dot{\varepsilon}} \sigma \mathrm{d}\dot{\varepsilon} + \int_0^{\sigma} \dot{\varepsilon} \mathrm{d}\sigma \tag{4.23}$$

功率耗散量 G 和功率耗散协量 J 所占的比例由 m 决定，m 为金属在变形时的应变速率敏感指数，可用式(4.24)表示：

$$m = \frac{\mathrm{d}J}{\mathrm{d}G} = \frac{\dot{\varepsilon}\mathrm{d}\sigma}{\sigma\mathrm{d}\dot{\varepsilon}} = \frac{\mathrm{d}\ln\sigma}{\mathrm{d}\ln\dot{\varepsilon}} \tag{4.24}$$

在热变形温度和变形速率一定时，变形材料的应变速率与流变应力的动态关系见式(4.25)：

$$\sigma = K\dot{\varepsilon}^m \tag{4.25}$$

式中，K 为与变形条件有关的常数。

由式(4.23)和式(4.25)可得式(4.26)：

$$J = \int_0^{\sigma} \dot{\varepsilon}\mathrm{d}\sigma = \frac{m}{m+1}\sigma\dot{\varepsilon} \tag{4.26}$$

图 4.22 为功率耗散示意图。图中矩形面积为材料吸收的总能量 P，曲线下方面积为功率耗散量 G，曲线上方面积为功率耗散协量 J。材料处于理想线性耗散状态时，$m=1$，如图中虚线部分所示。功率耗散协量达到最大，记作 $J_{\max}$：

$$J_{\max} = \frac{\sigma\dot{\varepsilon}}{2} \tag{4.27}$$

为描述材料热加工性能的优劣，引入功率耗散因子(efficiency of power dissipation)，记作 η，它表示在变形过程中材料的显微组织发生变化时所耗散的能量与线性耗散能量两者的比值，可用式(4.28)表示：

$$\eta = \frac{J}{J_{\max}} = \frac{2m}{m+1} \tag{4.28}$$

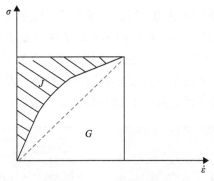

图 4.22　功率耗散示意图

η 是与变形温度和应变速率有关的函数。在由 ε、T 构成的平面上作 η 的等值线图，即为功率耗散图。一般应选择耗散值大的区域作为热加工区域，但并不是功率耗散值越大材料的加工性能就越好，因为变形失稳区的功率耗散值也很大，因此需确定材料的热加工失稳区。很多学者提出了区分稳定和不稳定区域的判据，最常用的是通过不稳定的流变行为获得连续失稳判据[41]，失稳的条件见式(4.29)：

$$\frac{\mathrm{d}J}{\mathrm{d}\dot{\varepsilon}} < \frac{J}{\dot{\varepsilon}} \tag{4.29}$$

将式(4.26)代入式(4.29)可得到流变失稳判据：

$$\xi_{\mathrm{p}}(\dot{\varepsilon}, T) = \frac{\partial \ln\left(\dfrac{m}{m+1}\right)}{\partial \ln \dot{\varepsilon}} + m < 0 \tag{4.30}$$

当满足式(4.30)时，说明发生了流变失稳现象。在等值曲线图上，负值区域即为加工失稳区域。

4.7.2　纯钼板坯热加工图

根据应力应变曲线，将真应变为 0.1～0.8、变形温度为 1060～1300℃、应变速率为 0.01～10s⁻¹ 时的数据作热加工图，见图 4.23。图中阴影区域表示流变失稳区，等高线表示能量耗散量 η，由图 4.23 可以看出，当真应变为 0.5、0.6 时其热加工图阴影部分区域最小，其他应变条件下的阴影部分区域都较大，说明其他条件下材料的热加工性能较差。此外，各应变条件下能量耗散率的数值都很小，说明热加工过程中纯钼的组织难以控制。随真应变增大，大部分区域都出现了流变失稳，在真应变为 0.6 时失稳区域最小。

　　由图 4.23 可知，真应变为 0.1 时，流变失稳区域主要分布在低温区域和高温高变形速率区域。在此应变下，最佳的热变形条件为温度 1210～1300℃、应变速率 0.01～0.22s⁻¹。真应变为 0.2 时，稳态区域分布在热加工图的右下方，与真应变为 0.1 时相比稳态区域对应的变形速率有缩小的趋势，温度有扩大的趋势，在此真应变下，最佳热变形条件为温度 1220～1300℃、应变速率 0.01～0.12s⁻¹。

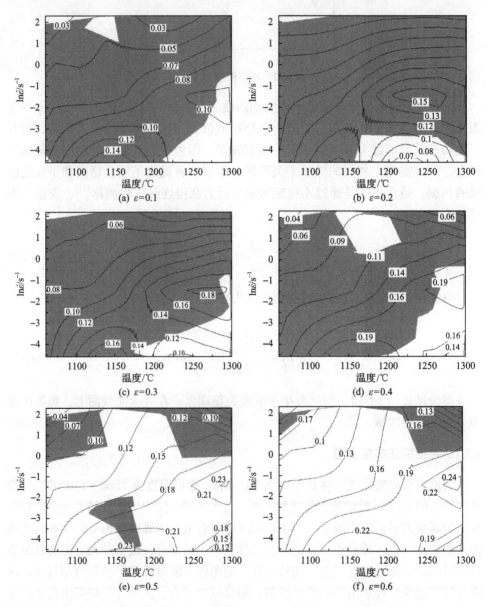

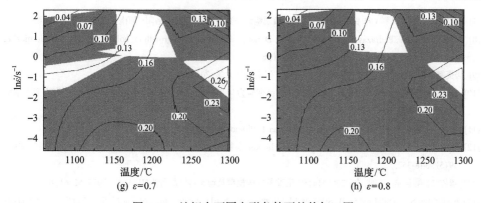

(g) $\varepsilon=0.7$ (h) $\varepsilon=0.8$

图 4.23 纯钼在不同变形条件下的热加工图

真应变为 0.3 时，流变稳态区域仍处于热加工图的右下方，此时对应的最佳热变形条件为温度 1250～1300℃、应变速率 0.01～0.22s^{-1}。真应变为 0.4 时，最佳热变形条件为温度 1250～1300℃、应变速率 0.01～0.22s^{-1}。真应变为 0.5 时，流变失稳区域明显缩小成了三个区域：①温度和应变速率分别为 1060～1130℃和 0.36～10s^{-1}；②温度和应变速率分别为 1225～1300℃和 0.36～10s^{-1}；③温度和变形速率分别为 1140～1180℃和 0.06～0.22s^{-1}，此时的最佳热变形温度和应变速率分别为 1250～1300℃和 0.01～0.30s^{-1}。真应变为 0.6 时，流变失稳区域变为两个区域：①温度和应变速率分别为 1060～1110℃和 1.28～10s^{-1}；②温度和应变速率分别为 1225～1300℃和 0.6～10s^{-1}，此时最佳的变形温度和应变速率分别为 1250～1300℃和 0.01～0.54s^{-1}。真应变为 0.7 时，流变失稳区域又有所增大，最佳变形温度和应变速率分别为 1250～1300℃和 0.08～0.22s^{-1}。真应变为 0.8 时，流变失稳区域增大，最佳变形条件为温度 1250～1300℃，变形速率为 0.13～0.22s^{-1}。

通过分析可确定纯钼板坯的最佳热变形温度和应变速率分别为 1250～1300℃和 0.01～0.22s^{-1}。

参 考 文 献

[1] 麦克奎因 H J, 田村今男, 黄恺. 金属热加工中的回复与再结晶(续一)[J]. 钢管, 1982, (2): 45-58.

[2] Wang A Q, Guo H D, Ju Y P, et al. Hot deformation behavior of pure molybdenum (Mo)[J]. Science of Advanced Materials, 2017, 9(9): 1493-1500.

[3] 董毅, 许云波, 肖宝亮, 等. 含 Nb 微合金钢动态再结晶行为[J]. 东北大学学报(自然科学版), 2008, 29(10): 1431-1434.

[4] 曹金荣, 刘正东, 程世长, 等. 应变速率和变形温度对 T122 耐热钢流变应力和临界动态再结晶行为的影响[J]. 金属学报, 2007, 43(1): 35-40.

[5] 谢章龙, 刘振宇, 王国栋. 低碳 9Ni 钢的动态再结晶数学模型[J]. 东北大学学报(自然科学版), 2010, 31(1): 51-55.

[6] Poirier J P. 晶体的高温塑性变形[M]. 关德林译. 大连: 大连理工大学出版社, 1989: 25-30.

[7] 周会军. 支承辊材料 Cr5 钢的热变形行为及微观组织仿真技术研究[D]. 洛阳: 河南科技大学, 2015: 3-4.

[8] Worthington D L, Pedrazas N A, Noell P J, et al. Dynamic abnormal grain growth in molybdenum[J]. Metallurgical & Materials Transactions A, 2013, 44(11): 5025-5038.

[9] 居炎鹏. 纯钼板坯热变形行为研究[D]. 洛阳: 河南科技大学, 2015.

[10] 王瑜, 林栋樑, Law C C. TiAl 合金高温拉伸流变应力与 Zener-Hollomon 因子的关系函数[J]. 上海交通大学学报, 2000, 34(3): 338-341.

[11] 徐光, 徐楚韶. Ti-IF 钢 750-850℃变形的 Zener-Hollomon 参数方程[J]. 特殊钢, 2006, 27(5): 1-2.

[12] 汪雨佳, 王克鲁, 鲁世强, 等. 基于 Zener-Hollomon 参数的 MoLa 合金本构研究[J]. 辽宁科技大学学报, 2016, 39(5): 348-352.

[13] 龚乾江, 梁益龙, 杨明, 等. 20CrMnTiH 钢唯象本构模型及动态再结晶行为[J]. 钢铁, 2017, 52(6): 67-75.

[14] Nagarjuna S, Gopalakrishna B, Srinivas M. On the strain hardening exponent of Cu-26Ni-17Zn alloy[J]. Materials Science & Engineering A, 2006, 429(1): 169-172.

[15] 陈晓莉, 霍春勇, 李鹤, 等. X90 直缝埋弧焊管加工硬化性能分析[J]. 焊管, 2015, (4): 11-14.

[16] 杨文杰, 王素玉, 杜远超, 等. 高速铣削模具钢 3Cr2Mo 加工硬化实验分析及建模[J]. 兵器材料科学与工程, 2014, (3): 73-75.

[17] 王兆昌, 文玉华, 李宁, 等. 基于 Crussard-Jaoul 的 n 值分析对高锰钢加工硬化机制的探讨[J]. 机械, 2008, 35(7): 71-74.

[18] Narayanasamy R, Ramesh T, Pandey K S. An experimental investigation on strain hardening behaviour of aluminium-3.5% alumina powder metallurgy composite preform under various stress states during cold upset forming[J]. Materials & Design, 2007, 28(4): 1211-1223.

[19] Narayanasamy R, Selvakumar N, Pandey K S. Phenomenon of instantaneous strain hardening behaviour of sintered Al-Fe composite preforms during cold axial forming[J]. Materials & Design, 2007, 28(4): 1358-1363.

[20] Luo J, Li M, Yu W, et al. The variation of strain rate sensitivity exponent and strain hardening exponent in isothermal compression of Ti-6Al-4V alloy[J]. Materials & Design, 2010, 31(2): 741-748.

[21] Gao X J, Jiang Z Y, Wei D B, et al. Computational analysis of compressive strain hardening exponents of bimetal with pearlitic steel and low carbon steel[J]. Applied Mechanics & Materials, 2014, 553(553): 71-75.

[22] 陈微, 官英平, 王振华. 一定条件下 Al-Mg-Si-Ti 合金动态再结晶的临界应变研究[J]. 材料导报, 2016, 30(22): 164-168.

[23] 蔡志伟, 陈拂晓, 郭俊卿. AZ41M 镁合金动态再结晶临界条件[J]. 中国有色金属学报, 2015, 25(9): 2335-2341.

[24] 刘超. 脉冲电流下 GH4169 合金高温变形行为及动态再结晶的研究[D]. 沈阳: 东北大学, 2013.

[25] 王素玉, 杨文杰, 马淋淋, 等. 高速铣削 3Cr2Mo 表面加工硬化试验及微观形貌分析[J]. 铸造技术, 2013, 34(9): 1154-1156.

[26] 李瑞卿. 高强高导 Cu-Zr-Cr-RE 合金热变形和时效行为研究[D]. 洛阳: 河南科技大学, 2014.

[27] Stewart G R, Jonas J J, Montheillet F. Kinetics and critical conditions for the initiation of dynamic recrystallization in 304 stainless steel[J]. Transactions of the Iron & Steel Institute of Japan, 2004, 44(9): 1581-1589.

[28] 刘倩. 5083 铝合金超塑成形力学性能研究与动态再结晶模型建立[D]. 南京: 南京航空航天大学, 2012.

[29] 李永刚. Co-28Cr-6Mo 合金热变形行为的研究[D]. 秦皇岛: 燕山大学, 2015.

[30] 董毅, 许云波, 肖宝亮, 等. 含 Nb 微合金钢动态再结晶行为[J]. 东北大学学报(自然科学版), 2008, 29(10): 1431-1434.

[31] Ryan N D, Mcqueen H J. Dynamic softening mechanisms in 304 austenitic stainless steel[J]. Canadian Metallurgical Quarterly, 2013, 29(2): 147-162.

[32] Poliak E I, Jonas J J. A one-parameter approach to determining the critical conditions for the initiation of dynamic recrystallization[J]. Acta Materialia, 1996, 44(1): 127-136.

[33] 孙亚丽, 谢敬佩, 郝世明, 等. 30% SiCp/Al 复合材料热变形及动态再结晶行为[J]. 粉末冶金材料科学与工程, 2016, 21(1): 8-17.

[34] Najafizadeh A, Jonas J J. Predicting the critical stress for initiation of dynamic recrystallization[J]. ISIJ International, 2006, 46(11): 1679-1684.

[35] 周晓光, 刘振宇, 吴迪, 等. FTSR 热轧含 Nb 钢动态再结晶数学模型中参数的确定[J]. 金属学报, 2008, 44(10): 1188-1192.

[36] 肖凯, 陈拂晓. 铸态铅黄铜动态再结晶模型的建立[J]. 塑性工程学报, 2008, 15(3): 132-137.

[37] Frost H J, Ashby M E. Deformation Mechanism Maps, the Plasticity and Creep of Metals and Ceramics[M]. London: Pergamon Press, 1982: 265-276.

[38] Rajagopalachary T, Kutumbarao V V. Intrinsic hot workability map for a titanium alloy IMI685[J]. Scripta Materialia, 1996, 35(3): 311-316.

[39] Gegel H L, Malas J C, Doraivelu S M, et al. Metals Handbook 9th Edn. V01. 14[M]. Ohio: ASM International, Metals Park, 1987: 417.

[40] Prasad Y V R K, Gegel H L, Doraivelu S M, et al. Modelling of dynamic material behaviour in hot deformation: Forging of Ti-6242[J]. Metallurgical and Materials Transactions A, 1984, 15(10): 1883-1892.

[41] Prasad Y V R K. Recent advances in the science of mechanical processing[J]. Indian Journal of Technology, 1990, 28: 435-451.

第5章 纯钼板坯双道次热变形行为

钼的塑脆转变温度高，变形抗力大，而纯钼的静态再结晶行为对其变形抗力和内部组织有很大的影响。为获得需要的组织和性能，可通过对纯钼静态再结晶过程进行控制和其他手段的有效结合来实现。在实际生产中，纯钼板坯一般要经过多道次交叉轧制，各轧制道次之间会进行去应力退火，轧制完成后进行再结晶退火。在实验中可采用双道次热压缩的方法来研究纯钼的静态再结晶行为，两道次之间有一定的保温时间。纯钼在经过第一道次的变形后，其内部会存储一定的形变能，系统内部便会处于很高的能量状态。在随后的道次保温时间内，材料可通过静态回复和静态再结晶过程释放储存的能量，促使材料趋于稳定状态，材料的性能会得到部分恢复。静态再结晶过程变形晶粒会形核、长大，恢复成等轴晶，在此过程中加工硬化产生的残余应力会消除，材料的性能得到改善。

本章以第4章计算得到的临界变形量为依据，进行纯钼板坯的双道次热压缩实验，研究变形温度和道次停留时间等对纯钼静态再结晶行为的影响，分析双道次热变形过程中的组织和性能的变化，研究其静态再结晶行为。

5.1 纯钼双道次热变形应力应变曲线分析

金属材料在热加工过程中发生变形，其内部伴随着加工硬化和软化两个过程的发生，因此材料可发生动态再结晶和静态再结晶。在生产中，材料在两次加工的保温时间内，会发生静态回复及静态再结晶，释放出能量，使材料处于更加稳定的状态，材料的组织得到优化。为保证纯钼能够发生静态再结晶，变形量要小于发生动态再结晶的临界变形量。

双道次热变形后，第一道次的应力应变曲线与单道次热压缩应力应变曲线相同，呈现出加工硬化的特点。随着应变的增加，真应力不断增加直到达到卸载应力 σ_m，此时的应变仍然小于临界应变，材料此时不会发生动态再结晶。在双道次热变形停留的时间间隔内，材料会发生静态再结晶软化，但软化效果无法完全抵消加工硬化，应力应变曲线总体趋势是逐渐上升而不降低。

5.1.1 应变速率及变形温度对应力应变曲线的影响

图 5.1 是真应变为 0.2、停留时间为 60s 时不同变形速率下的应力应变曲线。

由图可知，在其他变形条件不变时，应变速率越大，真应力也越大。因为应变速率越小，达到设定的变形量所需时间越长，用于晶界移动及位错堆积的时间也就越长，所以材料的变形阻力变小，流变应力越低。此外，从图 5.1 还可以看出，在应变速率和道次变形程度相同的条件下，变形温度越高，流变应力也越小，说明变形阻力也越小。这是因为变形温度越高，钼原子的振动会越快，原子间的振动会产生热量，使钼原子加速扩散。此外，钼原子的动能也会增加，使得金属晶间黏性流动增加，变形阻力就会降低。

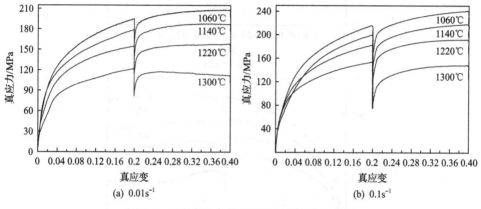

图 5.1　不同变形条件下纯钼的应力应变曲线

5.1.2　变形量对应力应变曲线的影响

图 5.2 为应变速率为 $0.01s^{-1}$、道次间隔时间为 60s 时不同变形量下的应力应变曲线。

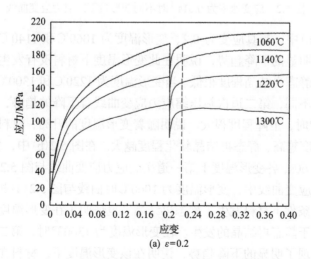

(a) $\varepsilon=0.2$

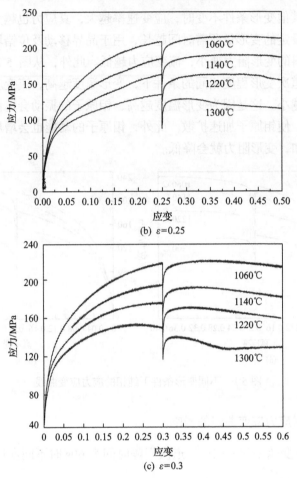

图 5.2 应变速率为 0.01s⁻¹ 时不同变形量下的应力应变曲线

在图 5.2(a) 中，当真应变为 0.2、变形温度为 1060℃和 1140℃时，第二道次热压缩曲线无明显的下降趋势，说明在此变形温度下材料没有发生静态回复和静态再结晶或是静态再结晶程度很低。当变形温度为 1220℃和 1300℃时，应力应变曲线变化有所不同，第二道次热压缩应力应变曲线有下降的趋势，尤其是当变形温度为 1300℃时，下降程度很大。说明随着变形温度的升高，材料发生了静态再结晶，变形温度越高，静态再结晶软化程度越大。在图 5.2(b) 中，真应变为 0.25、保温间隔时间 60s，各变形温度下第一道次的应力应变曲线与图 5.2(a) 相似，在第二道次的应力应变曲线中，变形温度为 1060℃时曲线与图 5.2(a) 相比有所下降，说明在该变形条件下材料发生了静态再结晶。也证明了在变形温度低时，适当加大变形量有利于静态再结晶的发生。在变形温度为 1300℃时，第二道次热压缩应力应变曲线出现了明显的下降趋势，说明在该变形温度下，材料在第二道次热压缩时发生了明显的动态再结晶,第二道次的变形量已超过临界变形量。在图 5.2(c)中,当真应变为 0.3、变形温度小于 1300℃时,第一道次热压缩曲线与其他两个变形量下的变化趋势相同,而第二道次热压缩曲线有下降的趋势,说明在该实验条件下,第二道次的变形量已经无法满足材料发生静态再结晶的条件,此时的变形量介于临界变形量附近。在变形温度为 1300℃时,第一道次应力应变曲线出现了动态再结晶曲线的特征,即在开始阶段应力随着应变的增加迅速增加,随后增加趋势逐渐变缓,达到峰值后开始下降。而第二道次热压缩曲线出现了稳定应力阶段,说明在该实验条件下两道次变形中均已发生明显的动态再结晶行为,此时的变形量已经超过临界变形量。这说明为保证发生静态再结晶,不仅要满足一定的温度条件,还要保证变形量小于动态再结晶临界变形量。临界变形量与变形温度有关,变形温度越高,该变形条件下的临界应变量就越小。因此,在变形温度较高时,要适当减小变形量,才能保证材料发生静态再结晶行为。

由以上分析可知,当真应变为 0.2、温度为 1060℃时,该变形量不足以促使纯钼发生静态再结晶,要想使材料发生静态再结晶,需适当增大形变量;当真应变为 0.2、温度大于 1060℃及真应变为 0.3、温度小于 1300℃时,纯钼发生了明显的静态再结晶行为;当真应变为 0.3、温度为 1300℃时,纯钼发生了动态再结晶行为。

5.1.3　停留时间对应力应变曲线的影响

图 5.3 为不同道次停留时间对应力应变曲线的影响。由图 5.3 可以看出,在变形温度为 1060℃的情况下,道次间隔时间为 5s 和 100s 时双道次流变应力差别不大,第二道次与第一道次应力相比基本没有下降的趋势,说明静态软化率不明显,只发生了静态回复,而在间隔时间为 500s 时第二道次流变应力有明显的下降。而在变形温度分别为 1140℃、1220℃和 1300℃时,道次间隔时间对第二道次的流变应力影响较大,第二道次应力应变曲线随着道次间隔时间的增大明显降低。从第二道次应力应变曲线可以看出道次间隔时间越大,流变应力越小,静态软化率越大。其原因是因为在变形过程中,材料会储存一定的形变能,在随后的保温时间间隔里,变形储存能会逐步释放,但需要一定的时间。其次再结晶包括形核和长大两个动态的过程,这两个过程也需要一定时间才能够完成。道次间隔时间越长,再结晶过程就越充分,软化率也就越高。

由图 5.3 还可以看出,在变形温度比较高的情况下,在相同的间隔时间下,变形温度越高,双道次热压缩流变应力也越小,第二道次流变应力的降低比第一道次大,即静态软化率越高。在变形温度为 1300℃时尤为明显。这是因为温度越高,原子热震动就越大,原子越容易发生迁移和扩散,静态再结晶就越容易发生。

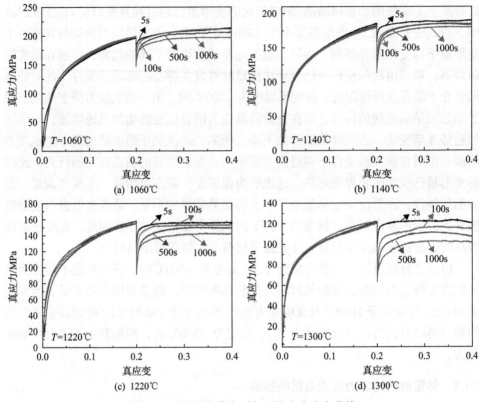

图 5.3　不同道次停留时间下的应力应变曲线

5.2　静态再结晶软化比计算

静态再结晶是金属材料热变形后在保温时间内发生的再结晶，其进行的程度用可以静态再结晶软化比来衡量。静态再结晶的研究方法有双道次变形法、金相观察法。但金相观察法费时费力，一般都不采用。所以静态再结晶一般采用双道次变形法来研究。双道次变形有 0.2%补偿法、2%补偿法、5%全应变法、后插法和平均流动应力法。Fernandez 等[1]认为 0.2%补偿法计算得到的结果比实际静态再结晶百分比明显要高；后插法计算得到的结果比实际静态再结晶百分比明显要低；2%补偿法和 5%补偿法这两种方法计算的结果与实际结果最接近。Li 等[2]认为 0.2%补偿法对静态回复比较敏感，因此该法的计算结果比实际结果要高。这里选择 2%补偿法计算纯钼材料的静态再结晶软化比。该补偿法的具体计算过程为：在双道次热压缩的应力应变曲线上取应变为 0.02 的点，该点对应于应力应变曲线上的真应力为第一道次的屈服应力，记作 σ_0；σ_m 为第一道次加载的最大应力；该点

对应的应变记作 ε_0；在真应变坐标轴上取点$(\varepsilon_0+0.02)$，该点对应于应力应变曲线上的真应力即为第二道次的屈服应力，记作 σ_r。图 5.4 为 2%补偿法计算静态再结晶软化比的示意图，其计算公式见式(5.1)。

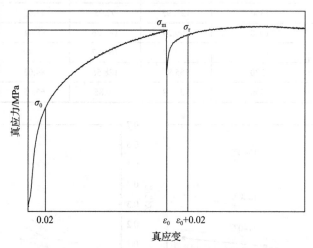

图 5.4　2%补偿法计算静态再结晶软化比示意图

$$R = \frac{\sigma_m - \sigma_r}{\sigma_m - \sigma_0} \tag{5.1}$$

式中，R 为软化率；σ_m 为第一道次的最大应力；σ_0 为第一道次的屈服应力；σ_r 为第二道次的屈服应力。

表 5.1 为应变为 0.2、应变速率为 $0.01s^{-1}$ 时不同变形温度、不同道次间隔时间计算得到的软化比结果，将计算结果绘制于图 5.5。

表 5.1　不同变形条件下试样的静态软化比

间隔时间/s	变形温度/℃	σ_m	σ_r	σ_0	R
5	1060	197.02	195.15	93.05	0.02
	1140	185.31	181.58	92.18	0.04
	1220	154.32	150.08	85.03	0.05
	1300	121.02	117.05	74.53	0.05
100	1060	199.05	195.56	104.03	0.03
	1140	180.86	173.74	95.16	0.08
	1220	159.03	144.01	88.03	0.17
	1300	123.98	103.01	72.04	0.31
500	1060	199.02	191.03	95.05	0.09
	1140	181.61	169.79	96.39	0.13

间隔时间/s	变形温度/℃	σ_m	σ_r	σ_0	R
500	1220	159.58	137.72	81.01	0.26
	1300	123.95	92.05	71.52	0.45
1000	1060	199.29	185.86	98.41	0.13
	1140	180.64	164.87	93.89	0.17
	1220	155.86	128.56	84.03	0.35
	1300	122.89	80.85	65.05	0.64

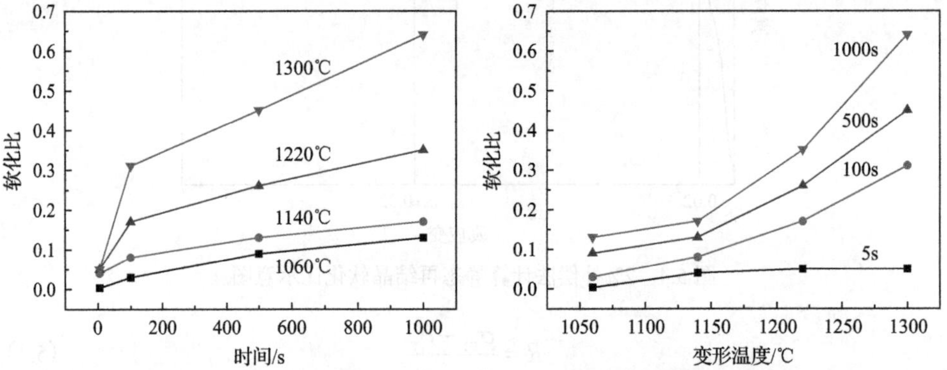

(a) 各变形温度下道次间隔时间与软化比的关系　　　(b) 不同道次间隔时间下变形温度与软化比的关系

图 5.5　应变为 0.2 时的软化比

由图 5.5 可知：当道次间隔时间为 5s 时，各变形温度下的软化比接近于 0，说明在该条件下，材料基本没有发生静态软化。随着道次间隔时间的增加，软化比有所增大，但在 1060℃和 1140℃时增加得不明显。当道次间隔时间增加到 500s 时，各变形温度下的软化比明显增大。由文献[3]可知，纯金属材料在道次间隔时间内会先发生静态回复，变形储存能会得到一定程度的释放。所以在变形温度较低时，虽然变形量低于临界变形量，但由于道次间隔时间太短，金属只发生了静态回复。随着间隔时间延长，金属有了足够的时间释放变形储存能，发生部分甚至完全静态再结晶。说明提高变形温度、增大道次间隔时间，有利于静态再结晶的发生，材料的软化比增大。

5.3　变形量对双道次热变形微观组织的影响

将应变速率为 0.01s^{-1}，真应变分别为 0.2、0.25、0.3，道次间隔时间为 60s 的热压缩后的试样进行磨制，将氢氧化钠和铁氰化钾按 1∶1 的质量比配置腐蚀液，腐蚀 3min，在金相显微镜下观察试样的金相组织。图 5.6 为真应变 0.2 时各变形温度下的金相组织。从图 5.6 可知，纯钼板坯在经过两道次变形后，其晶粒发生了明显的变化。随变形温度的升高，晶粒尺寸逐渐增大。在变形温度为 1060℃时，与烧结坯的等轴晶粒相比，晶粒被拉长，局部有被压碎的变形小晶粒，此时的软化率接近 0。结合金相组织和前面的应力应变曲线可知：在该变形温度下，纯钼没有发生静态再结晶。随着变形温度的升高，静态软化比增加，变形晶粒不断增多，在拉长的变形晶粒周围生成了细小的等轴再结晶晶粒。当变形温度为 1140℃时新生成的晶粒尺寸最小。随着变形温度的升高，静态再结晶程度增大，再结晶晶粒尺寸也相应增大。临界变形量不仅与材料本身有关，还与变形条件有关。当其他条件都一定时，临界变形量随着变形温度的升高而减小。变形温度越高，静态再结晶就越易发生。

图 5.6　真应变为 0.2 时各变形温度下的金相组织

　　图 5.7 是真应变为 0.25 时各变形温度下的金相图。由图可以看出，当变形温度为 1060℃时，变形晶粒仍以被压扁的拉长晶粒为主。随着变形温度的升高，再结晶晶粒明显增多，软化比明显增大，等轴晶粒明显增多。说明随着变形量增加，纯钼更容易发生静态再结晶行为，软化比明显增大。

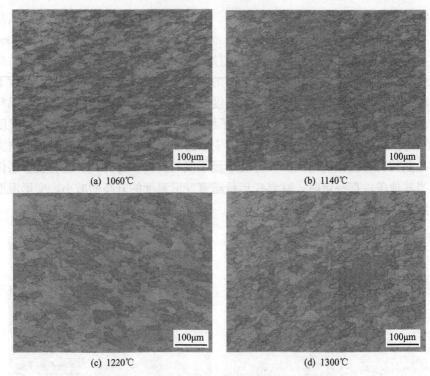

(a) 1060℃　　　　　　　　　　　　(b) 1140℃

(c) 1220℃　　　　　　　　　　　　(d) 1300℃

图 5.7　应变为 0.25 时各变形温度下的金相组织

　　图 5.8 是真应变为 0.3 时各变形温度下的金相组织。当真应变为 0.3 时，变形量处于临界变形量附近，对比静态再结晶和动态再结晶金相组织可看出，此变形条件下的金相组织与单道次变形条件下的动态再结晶变形组织相似，原始的等轴晶粒被压缩成拉长的纤维状晶粒，在变形的大晶粒周围生成了等轴细小晶粒。由此应变下各变形温度的应力应变曲线可知，在变形温度较低时，材料可发生静态软化行为。而当变形温度较高时，第一道次的应力应变曲线呈现出动态再结晶曲线的特征，说明此时材料已经发生了动态再结晶行为。

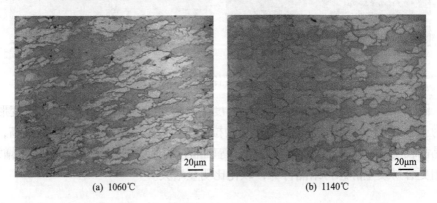

(a) 1060℃　　　　　　　　　　　　(b) 1140℃

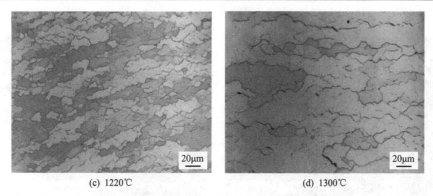

(c) 1220℃　　　　　　　　　　　(d) 1300℃

图 5.8　真应变为 0.3 时各变形温度下的金相组织

结合应力应变曲线变化规律、软化率、不同变形量、变形温度下的显微组织变化，可知当真应变为 0.2、温度为 1060℃、间隔时间为 60s 时，软化率接近于 0，该变形条件静态再结晶无法发生。为了使纯钼发生静态再结晶行为，在该变形温度下需要适当增大变形量或提高变形温度；当变形温度提高后，软化率有所增加，纯钼逐渐发生了静态再结晶行为。变形温度越高，静态再结晶程度越大。当真应变为 0.3、温度为 1060℃或高于 1060℃时，软化率大于 0，说明在该变形条件下纯钼已经发生了静态软化行为。当变形温度为 1300℃时，由应力应变曲线可知，在此变形条件下纯钼已发生动态再结晶。因此在该变形温度下，需减小变形量研究纯钼的静态再结晶行为。

5.4　不同变形温度下的织构演变

图 5.9 为真应变为 0.25、应变速率为 $0.01s^{-1}$、道次间隔时间为 60s 时不同变形温度下 EBSD 扫描图和变形后试样的相应极图。表 5.2 为热压缩后纯钼的晶粒分布。图 5.10 为纯钼在不同温度下热压缩后的取向差分布。

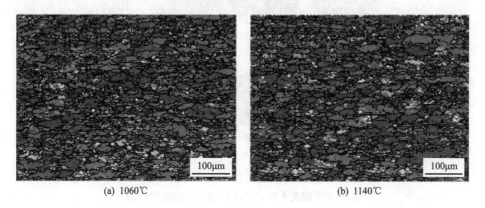

(a) 1060℃　　　　　　　　　　　(b) 1140℃

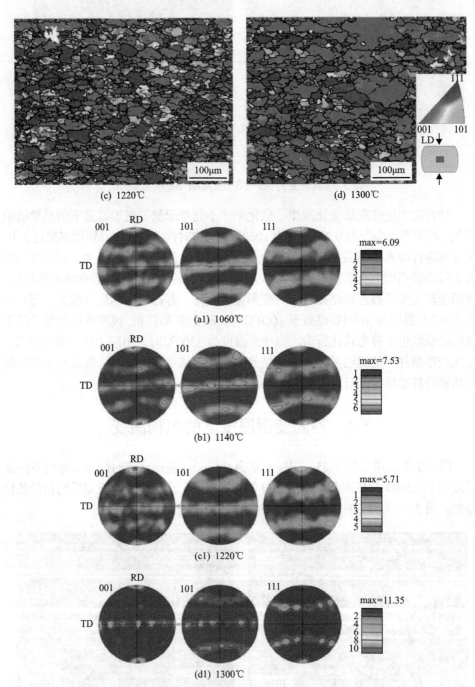

(c) 1220℃　　　　　　　　(d) 1300℃

(a1) 1060℃

(b1) 1140℃

(c1) 1220℃

(d1) 1300℃

图 5.9　真应变为 0.25、应变速率为 0.01s⁻¹、道次间隔时间为 60s 时不同变形温度下的 EBSD 扫描图和相应的极图

表 5.2　热变形后纯钼的晶粒分布

晶粒	1060℃	1140℃	1220℃	1300℃
平均直径尺寸/μm	16.04	16.13	17.39	20.32
晶粒长宽比	3.05	3.12	2.44	2.25

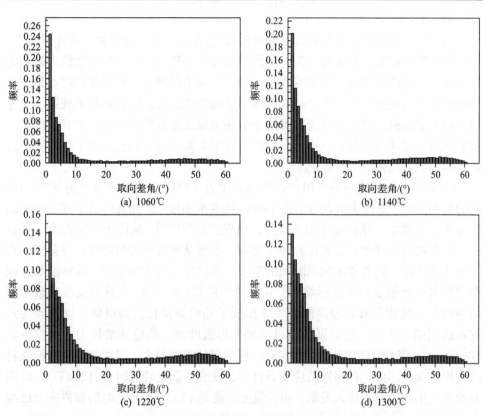

图 5.10　纯钼在不同温度下热压缩后的取向差分布

从图 5.9 可以看出，当变形温度为 1060℃时，变形晶粒主要是扁平细长晶粒。随着变形温度的升高，再结晶晶粒明显增多，细长的纤维晶粒逐渐转变为等轴晶粒。结果表明，随着变形温度的升高，纯钼的静态再结晶行为更容易发生，软化率明显增大。烧结板随机取向的原始晶粒大部分向〈001〉织构和〈111〉织构方向旋转，只有少量区域呈现不同取向。随着变形温度的升高，〈111〉纤维的织构变弱，〈001〉纤维的织构变强。从表 5.2 可以看出，随着温度的升高，平均晶粒尺寸增大，晶粒长径比减小。

从图 5.10 可以看出，随着变形温度的升高，小角度晶界（<15°）减少。这是因为当变形温度为 1060℃时，材料发生加工硬化，软化率小，位错堆积严重，特

别是在晶界和变形严重的部位，存在许多小角度的晶界。随着变形温度的升高，位错湮灭加剧，位错密度减小，小角度晶界减少[4,5]。随着温度继续升高到1220℃和1300℃，大角度晶界增加，表明纯钼的静态再结晶度增加。

5.5　晶粒异常长大

晶粒长大有正常长大和异常长大两种形式。晶粒正常长大又被称为连续长大，在长大过程中晶粒大小相对均匀，平均晶粒尺寸平稳增大。晶粒异常长大被认为是一种不连续的再结晶，也可看作是一种二次再结晶现象。其主要的特点是在高温塑性变形过程中一个或多个晶粒无规律地爆发性长大，生成形状不规则、尺寸异常粗大的晶粒。晶粒异常长大经常发生在金属或合金经变形后，在双道次热变形道次间隔时间内或退火过程中。在此过程中大部分晶粒的长大由于各种原因受阻，而极少数晶粒异常长大[6]。

图 5.11 是应变速率为 0.01s^{-1}，变形温度为 1300℃，真应变分别为 0.25、0.3 时的金相组织。从图中可以看出在 1300℃的变形温度、不同真应变下都出现了晶粒异常长大现象。晶粒尺寸相差很大，出现混晶组织[7]。从图中可以看出，异常长大的晶粒周围其他晶粒都比较细小均匀。不管是异常长大的晶粒，还是细小均匀的等轴晶粒，随着道次间隔时间的延长，晶粒尺寸均有所增加。这种混晶组织会使材料的性能受到严重影响[6,8]。由图 5.7 和图 5.9 可知，在其他变形参数相同的条件下，纯钼只有在较高温度下才出现了晶粒异常长大的现象，这是因为只有在达到临界应变，变形温度超过临界变形温度时，晶粒异常长大才会发生。Worthington 等[6]的研究表明，温度对临界应变的影响很大，温度升高会降低材料的临界应变。因此，在相同的应变条件下，在变形温度较低时（≤1220℃），纯钼并没有发生晶粒异常长大现象。而当温度升高到 1300℃时，此时的临界应变已经

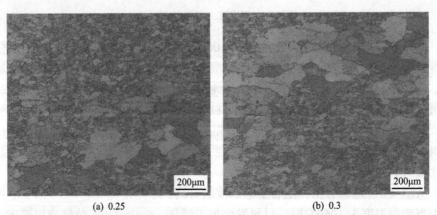

(a) 0.25　　　　　　　　　　　　　(b) 0.3

图 5.11　应变速率为 0.01s^{-1}、变形温度为 1300℃，不同真应变下纯钼的金相组织

发生了变化,仍在此条件下变形,就会发生异常晶粒长大现象。可见材料发生异常长大需要满足一定条件,在此条件下正常晶粒生长会受阻。这种阻碍允许某些晶粒优先并迅速长大,超过平均晶粒尺寸,最终形成异常粗大的晶粒[9,10]。此外,位错重排能消除部分应变、小角度晶界和大角度晶界之间存在的应变差。在道次保温时间内,应变差最大的晶界开始运动,低应变晶粒向高应变晶粒内扩展,最终导致某些晶粒异常长大[11,12]。

由以上分析可知,晶粒异常长大需要满足一定的条件才能发生。首先需要变形量达到临界应变,此外在该临界应变下,发生晶粒异常长大有一个对应的最低变形温度,在此温度以上晶粒就可以发生异常长大现象。

5.6　变形条件对显微硬度的影响

采用维氏硬度检测仪对不同变形条件下的试样硬度进行检测,每个试样选取不同的部位测量 7 次,取其平均值,得到的实验数据如表 5.3 和图 5.12 所示。图 5.12 为试样在不同变形条件下的显微硬度示意图。由图中可知,在变形温度 1060℃,不同道次间隔时间下试样的显微硬度变化不大,主要是因为在该变形温度及道次间隔时间下,试样的静态软化率比较小,试样主要发生静态回复,因此硬度变化不大。随着变形温度升高,软化率有所增加,试样的显微硬度有所降低;但当变形温度为 1300℃时,材料的显微硬度反而有所增加。这是因为当温度达到 1300℃时,晶粒生长时间太长且出现了晶粒局部长大的情况,导致了材料的塑性韧性下降而硬度增加。

表 5.3　不同变形温度及道次间隔时间下试样的显微硬度　　(单位:HV)

序号	第 1 次	第 2 次	第 3 次	第 4 次	第 5 次	第 6 次	第 7 次	均值
1060-5	225.2	225.4	227.1	225.3	223.6	228.8	226.7	226.0
1140-5	223.6	221.3	227.3	222.7	228.8	227.5	225.4	225.2
1220-5	220.5	226.3	222.5	226.9	228.4	221.3	226.2	224.6
1300-5	219.5	219.5	224.3	225.5	222.3	224.6	222.0	222.5
1060-100	217.0	212.3	215.6	212.5	213.2	216.2	215.5	214.6
1140-100	208.2	216.6	215.6	211.3	207.8	213.2	215.4	212.6
1220-100	200.9	208.4	205.5	205.3	203.2	207.5	204.3	205.0
1300-100	209.4	210.6	210.6	210.8	212.7	212.2	207.7	210.6
1060-500	208.7	208.5	207.3	213.7	209.4	208.3	210.3	209.5
1140-500	202.4	207.5	204.3	208.9	204.6	200.5	203.2	204.5
1220-500	203.6	200.6	197.2	194.6	195.3	196.0	196.8	197.7

序号	第1次	第2次	第3次	第4次	第5次	第6次	第7次	均值
1300-500	216.9	212.5	216.3	212.4	212.3	218.3	215.3	214.9
1060-1000	201.8	204.2	203.2	200.9	205.2	201.3	200.9	202.5
1140-1000	198.3	196.7	195.4	200.1	199.5	196.2	98.4	197.8
1220-1000	190.3	192.6	193.4	192.6	191.8	191.5	188.3	191.5
1300-1000	204.7	203.2	206.2	206.8	207.6	205.1	201.9	205.5

注：序号"1060-5"表示温度为1060℃，间隔时间为5s。

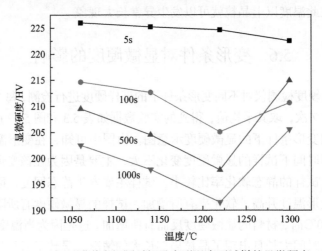

图 5.12　不同道次间隔时间及变形温度下试样的显微硬度

参 考 文 献

[1] Fernandez A I, Lopez B, Rodriguez-Ibabe J M. Relationship between the austenite recrystallized fraction and the softening measured from the interrupted torsion test technique[J]. Scripta Materialia, 1999, 40(5): 543-549.

[2] Li G, Maccagno T M, Bai D Q, et al. Effect of initial grain size on the static recrystallization kinetics of Nb microalloyed steels[J]. ISIJ International, 1996, 36(12): 1479-1485.

[3] Laasraoui A, Jonas J. Recrystallization of austenite after deformation at high temperatures and strain rates-analysis and modeling[J]. Metallurgical and Materials Transaction A, 1991, 22: 151-160.

[4] Primig S, Clemens H, Knabl W, et al. Orientation dependent recovery and recrystallization behavior of hot-rolled molybdenum[J]. International Journal of Refractory Metals and Hard Materials, 2015, 48: 179-186.

[5] Sophie P, Harald L, Wolfram K, et al. Static recrystallization of molybdenum after deformation below 0.5TM(K)[J]. Metallurgical and Materials Transactions A, 2012, 43: 4806-4817.

[6] Worthington D L, Pedrazas N A, Noell P J, et al. Dynamic abnormal grain growth in molybdenum[J]. Metallurgical and Materials Transactions A, 2013, 44: 5025-5037.

[7] 肖荣亭, 于浩, 周平. Q1030 焊接高强钢的奥氏体晶粒异常长大机理[J]. 北京科技大学学报, 2011, 33(12): 1458-1462.

[8] 党宁, 李志超, 唐获, 等. 0.20mm CGO 硅钢高温退火 Goss 晶粒起源及异常长大行为研究[J]. 材料工程, 2016, 44(5): 1-7.

[9] 齐跃. ECAP 制备的工业纯铁及纯铝的高温变形行为研究[D]. 沈阳: 东北大学, 2013: 45-50.

[10] 杨杰, 王晓峰, 吉传波, 等. 变形工艺对 FGH96 合金晶粒异常长大的影响[J]. 航空材料学报, 2014, 34(5): 7-11.

[11] Nicholas A, Thomas E, Elizabeth A, et al. Dynamic abnormal grain growth in tantalum[J]. Materials Science & Engineering A, 2014, 610: 76-84.

[12] Chen C, Wang S, Jia Y L, et al. The effect of texture and microstructure on the properties of Mo bars[J]. Materials Science & Engineering A, 2014, 601: 131-138.

第6章 钼板靶材制备工艺及微观组织调控

钼靶材是一种具有高附加值的特征电子材料，要求其密度高、纯度高、晶粒细小均匀。钼粉是生产钼制品的原材料，其质量是钼及钼合金优越性能的保证。钼粉除了需满足化学纯度要求外，还需满足物理性能和工艺性能方面的要求。在物理性能方面，钼粉的微观形貌、颗粒尺寸、粒度分布、团聚程度等对钼制品的组织有很重要的影响，进而影响其性能。本章主要结合前面热模拟的实验结果，通过选择合适的烧结、轧制、热处理工艺来实现钼靶材微观组织的调控。

6.1 钼板靶材的制备

6.1.1 烧结钼板的制备

采用粉末冶金方法，选取优质钼粉及利用热变形行为优化得出的技术参数制备纯钼靶材。钼粉形貌如图 6.1 所示。从图中可以看出，钼粉形貌多为多面体结构或类球形，粒度比较均，无明显的团聚现象。钼粉的理化指标及主要杂质含量见表 6.1（所用钼粉的纯度为 99.97%）。首先将钼粉装在橡胶模具中，塞紧盖子，密封好。然后在冷等静压机中压制钼粉，得到冷压坯，压制压力为 200MPa，保压时间 13min。将冷压坯放在中频感应炉中烧结，烧结温度 1950℃，选择两种烧结

图 6.1 钼粉形貌

表 6.1 钼粉的理化指标及主要杂质含量

纯度/%	费氏粒度/μm	Fe/10⁻⁶	Ni/10⁻⁶	K/10⁻⁶	C/10⁻⁶	N/10⁻⁶	O/10⁻⁶
99.97	3.1	<10	<5	<20	12	35	300

工艺进行烧结，烧结工艺曲线如图 6.2 所示。烧结温度和升温速率相同，不同的是保温时间。烧结后钼板的金相组织如图 6.3 所示。其中图 6.3（a）、（b）分别为第一种烧结工艺下得到的不同倍数下的金相组织，图 6.3（c）、（d）分别为第二种烧结工艺下得到的不同倍数下的金相组织。从图 6.3 中可以看出，烧结后其组织无太大差别，晶粒均为等轴晶粒，但组织均不够致密，存在烧结气孔，测其密度分别为 9.60g/cm³ 和 9.80g/cm³。从烧结结果来看，烧结时间对密度有一定的影响。这是因为在钼粉烧结过程中，主要经历三个阶段[1]：

（1）黏结阶段。在粉末压制成生坯后，钼粉颗粒间有了一定的接触面。在烧结的初期，颗粒之间的接触面通过成核、结晶长大等过程形成烧结颈，转变成晶体结合，但颗粒外形基本未变，整个烧结体不收缩，密度增加非常小。

（2）烧结颈长大阶段。在高温下，原子向颗粒结合面大量迁移，烧结颈长大，颗粒之间的结合更加紧密，形成连续的孔隙网络。同时又因为晶粒长大，晶界越过孔隙移动，被晶界扫过的地方，孔隙会大量消失，烧结体发生收缩，密度增加。

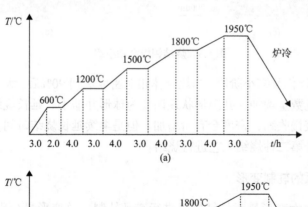

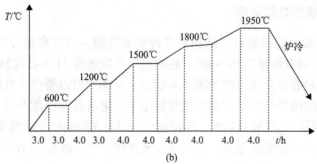

图 6.2 两种烧结工艺曲线

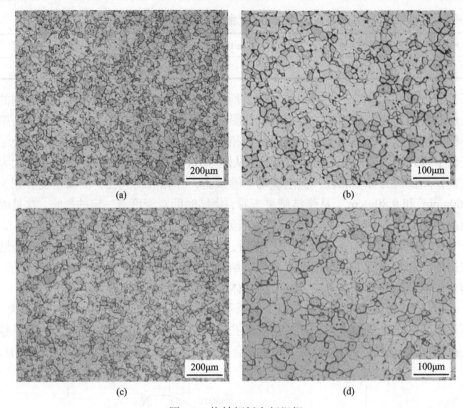

图 6.3　烧结钼板金相组织

（3）闭孔隙球化及缩小阶段。当烧结体相对密度达到 90%后，大多数孔隙完全被分隔开，闭孔数量增加，孔隙形状逐渐变为球形并缩小。延长烧结保温时间，整个烧结体会缓慢收缩，密度会有所增加。但是继续延长烧结时间，密度增加不明显，因此优选第二种烧结工艺进行烧结。

6.1.2　烧结钼板的轧制变形

选择多道次大变形量对烧结钼板进行交叉轧制，总变形量分别选取 80%和90%，每道次轧制变形量 25%～30%，轧制温度分别选择 1150℃、1250℃和 1300℃进行轧制，轧制后的金相组织如图 6.4 所示。从图中可以看出，轧制后的组织均变为拉长扁平的细长晶粒。在相同的变形量下，随着轧制温度升高，晶粒变大。在轧制温度相同时，变形量越大，晶粒越小。因为在相同的变形量下，温度越高，晶粒越容易长大。变形量越大，原始晶粒破碎越严重，晶粒越小[2]。

6.1.3　退火对靶材组织的影响

将轧制温度为 1250℃的钼板进行热处理。退火时间分别为 1100℃、1200℃、

1300℃，保温时间均为 1h。退火后得到的金相组织如图 6.5 所示。其中图 6.5(a)～(c)分别为变形量 80%的钼板经过退火后的金相组织；图 6.5(d)～(f)分别为变形量 90%的钼板经过退火后的金相组织。从图中可以看出，在变形量为 80%、退火

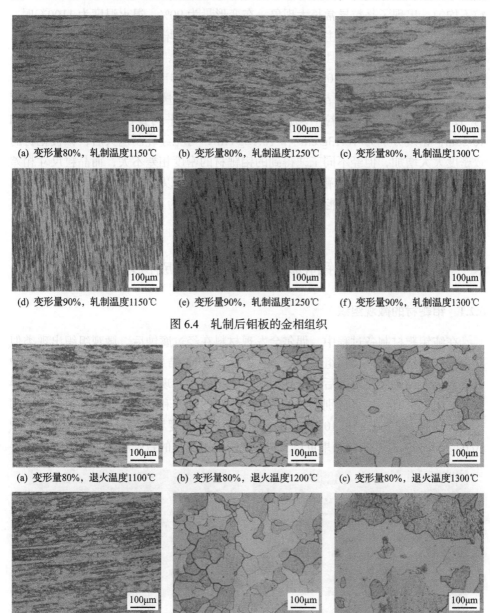

(a) 变形量80%，轧制温度1150℃　　(b) 变形量80%，轧制温度1250℃　　(c) 变形量80%，轧制温度1300℃

(d) 变形量90%，轧制温度1150℃　　(e) 变形量90%，轧制温度1250℃　　(f) 变形量90%，轧制温度1300℃

图 6.4　轧制后钼板的金相组织

(a) 变形量80%，退火温度1100℃　　(b) 变形量80%，退火温度1200℃　　(c) 变形量80%，退火温度1300℃

(d) 变形量90%，退火温度1100℃　　(e) 变形量90%，退火温度1200℃　　(f) 变形量90%，退火温度1300℃

图 6.5　退火后钼靶材的金相组织

温度为1100℃时，晶粒仍以拉长扁平晶粒为主，只有极少数静态再结晶晶粒出现，说明退火温度偏低，静态再结晶程度较小。当退火温度为1200℃时，晶粒变为细小的等轴晶粒，说明材料发生了充分的静态再结晶。在退火温度为1300℃时，晶粒不均匀，出现了晶粒异常长大现象。在变形量为90%，退火温度为1100℃时，晶粒仍以拉长扁平晶粒为主，但静态再结晶晶粒明显增多。当退火温度为1200℃时，晶粒变为等轴晶粒，但晶粒尺寸比变形量为80%、退火温度为1200℃时的晶粒要大。在退火温度为1300℃时，晶粒不均匀，同样出现了晶粒异常长大现象。这与之前第5章的热模拟结果一致。分别检测了变形量为80%和90%、退火温度为1200℃时钼靶材的晶粒平均尺寸和密度，晶粒平均直径分别为28.5μm和40.2μm，密度分别为10.13g/cm³和10.12g/cm³，可见经轧制退火后，钼板靶材的致密度大大增加，但经不同工艺得到的钼靶材的密度相差不大，而晶粒尺寸相差较大。虽然一般来说要求靶材的晶粒尺寸为100μm以下即可，但晶粒越细小均匀，溅射后得到的薄膜性能越好。因此，选择变形量为80%、退火温度为1200℃、保温时间1h最为合适。

6.2　高纯钼靶材中MoO₃的形成机理分析

6.2.1　钼靶材的微观组织

在纯钼靶材制备过程中，偶尔会发现材料在经过腐蚀后，微观组织出现类似"微孔"的情况，其金相组织如图6.6所示，SEM结果如图6.7所示。从图6.7可以看出，纯钼经过腐蚀后，出现类似于"微孔"的现象，形状比较规则，晶界和晶粒内部都有。这里分别测试了两种钼靶材的硬度和密度，1#钼靶材的硬度和密度分别为188.32HV和10.10g/cm³，2#钼靶材的硬度和密度分别为180.67HV和10.04g/cm³。从密度测试结果可以看出，这两种钼靶材的致密度满足了溅射靶材要

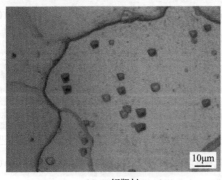
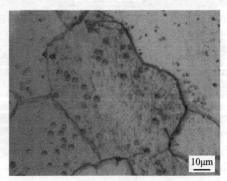

(a) 1#钼靶材　　　　　　　　　　　(b) 2#钼靶材

图6.6　钼板靶的金相组织

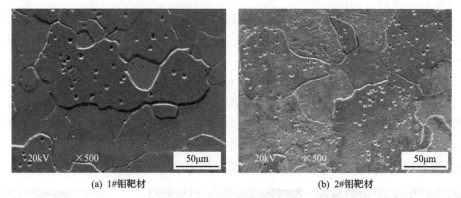

(a) 1#钼靶材   (b) 2#钼靶材

图 6.7 钼靶材的显微组织

求其致密度在 98%以上的要求,但这种组织仍是不希望看到的,因此有必要对其形成原因进行研究。

6.2.2 透射结果及分析

图 6.8 为通过透射电子显微镜观察到的 1#、2#纯钼靶材中的类似"微孔"的形貌。从图 6.8 可以看出,在"微孔"周围还有一层薄薄的物质。钼靶材上的"微孔"形状多样,有椭球形、方形、不规则形状等,尺寸小于 1μm。大的椭球形微孔的尺寸为 700~800nm,小的椭球形微孔的尺寸约为 100nm。不规则的微孔其

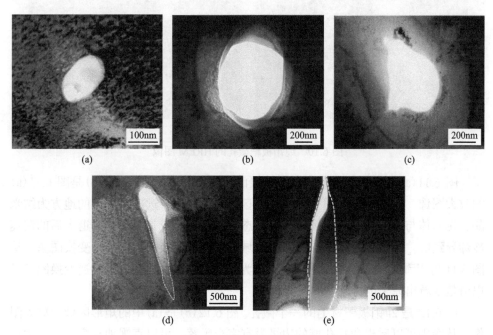

图 6.8 钼靶材的透射结果

形状和大小均不同。结合扫描电镜观察到的微观组织，初步判断应该有其他物质存在，其和钼基体的结合程度不牢固，在腐蚀过程中脱落，而在透射试样制备过程中未完全脱落，残留了一部分。

　　图 6.9 为 1#钼靶材的透射结果。图 6.9(a)为 TEM 图像。图 6.9(b)和(c)分别是图 6.9(a)中矩形区域内的放大图像。图 6.10(a)和(b)分别是图 6.9(a)中微孔左右两侧的高分辨图像。从图 6.10 可见，微孔边缘的薄区是多晶和非晶共存的，微孔边缘薄区的多晶是纳米晶，纳米晶中的原子在单个晶粒中排列有序，而原子在晶界处排列无序。一些典型的纳米晶体见图中白色圆圈所圈部分。

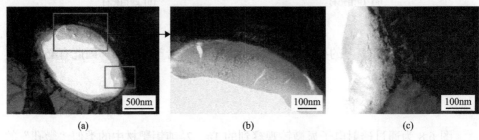

图 6.9　1#钼板靶的 TEM 图像

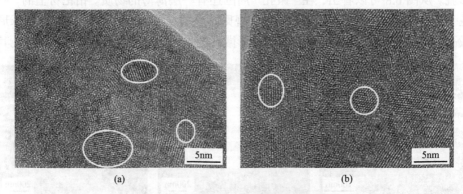

图 6.10　纯钼板靶微孔的 HREM 图像

　　图 6.11(a)是微孔的另一个区域拍摄的 HREM 图像。图 6.11(b)是图 6.11(a)的放大图像。从图 6.11 中可以看出黑色区域为钼基体，远离钼基体的地方为纳米晶，钼基体与纳米晶之间的区域为非晶态。非晶的形成是由于轧制退火后的快速冷却导致的。图 6.11(c)和(d)是非晶区域的傅里叶变换和反傅里叶变换图像。从图 6.11 可以看出没有强的衍射斑点，均为弥散的非晶体。从傅里叶逆变换图像可以清楚地看出原子的排列是非常无序的。

　　图 6.12 是 2#钼板靶材上的一个微孔。图 6.12(b)是(a)中的矩形区域的放大图像，从图中可以看出微孔孔壁的边缘没有完全脱落，可以直观地观察到微孔边缘

的两个薄层。

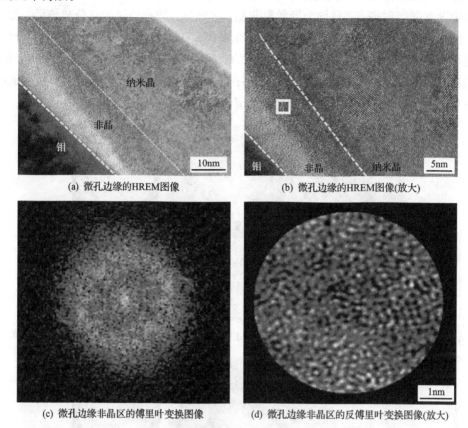

(a) 微孔边缘的HREM图像　　　　　　　(b) 微孔边缘的HREM图像(放大)

(c) 微孔边缘非晶区的傅里叶变换图像　　　(d) 微孔边缘非晶区的反傅里叶变换图像(放大)

图 6.11　钼板靶中微孔的 HREM 图像

(a)　　　　　　　　　　(b) 图(a)中所选区域的放大图像

图 6.12　2#钼板靶微孔的 TEM 显微结构

图 6.13 和图 6.14 为图 6.12(a)中微孔两侧的 HREM 图像、反傅里叶变换和傅
里叶变换图像。在图 6.13 中，左侧是钼基体的晶格条纹，从右侧图中可以看出为

非晶态。在反傅里叶变换图像中可以看出，原子的排列是无序的。傅里叶变换图像中没有强衍射斑点，且均为漫散射非晶，这与前一微孔边缘的高分辨结果一致。在图 6.11 中，钼基体附近有一些小的纳米晶体。在图 6.14 中，黑色的圆圈部分就是小的纳米晶体，其余的都是无序排列的。结果表明，这些纳米晶为 MoO_3。单胞参数为 $a=7.1222$，$b=5.366$，$c=5.566$，$\beta=92.01$。在单斜晶系中，纳米晶 MoO_3 在 (011) 面和 (210) 面的晶面间距分别为 $d=0.38nm$ 和 $d=0.29nm$。

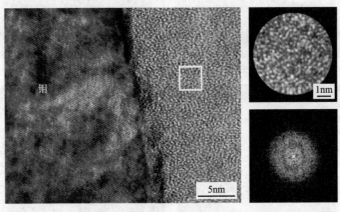

图 6.13　图 6.12 中微孔左边缘壁上的 HREM 图像、反傅里叶变换图像和傅里叶变换图像

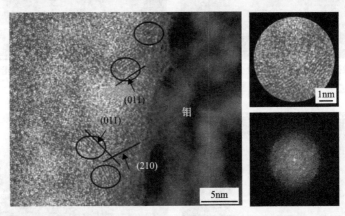

图 6.14　图 6.12 中微孔右边缘壁上的 HREM 图像、反傅里叶变换图像和傅里叶变换图像

　　图 6.15 是钼板靶材中微孔的 STEM 图像和 STEM-EDS 元素扫描分析的结果。图 6.15(a)～(f) 分别是钼板靶材微孔的 BF 明场像、HAADF 像和 SEI 像。图 6.15(g)～(j) 是图 6.15(b) 和 (c) 的微孔区域进行的 STEM-EDS 扫描结果。它们几乎都是基体中的钼原子。氧原子在覆盖层中高度分布。结果表明，微孔边缘的覆盖层氧含量较高。进一步证明了"微孔"的形成与 MoO_3 有关。

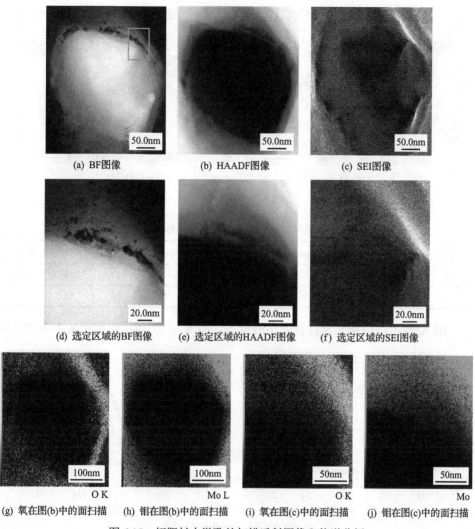

(a) BF图像　　　(b) HAADF图像　　　(c) SEI图像

(d) 选定区域的BF图像　　(e) 选定区域的HAADF图像　　(f) 选定区域的SEI图像

O K　　　Mo L　　　O K　　　Mo

(g) 氧在图(b)中的面扫描　(h) 钼在图(b)中的面扫描　(i) 氧在图(c)中的面扫描　(j) 钼在图(c)中的面扫描

图 6.15　钼靶材中微孔的扫描透射图像和能谱分析

6.2.3　钼粉及靶材的 XPS 分析

为了更进一步分析 MoO_3 的形成原因，对制备钼靶材的钼粉进行了进一步的分析。钼粉的形貌如图 6.16 所示。图 6.16(a)为制备 1#钼靶材所用的钼粉形貌，图 6.16(b)为制备 2#钼靶材所用的钼粉形貌。表 6.2 为钼粉的理化指标及主要杂质含量。从图中可以看出，1#钼靶材所用钼粉粒度差别较大，大小颗粒的钼粉共存。大颗粒钼粉多面体结构明显，小颗粒钼粉多为类球形。2#钼靶材所用钼粉粒度也不均匀，还有个别钼粉颗粒为棒状，另外还存在明显的团聚现象。此外，这两种钼粉氧含量相对较高。

(a) 1#　　　　　　　　　　　　　　(b) 2#

图 6.16　钼粉形貌

表 6.2　制备钼靶材所用两种钼粉的理化指标及主要杂质含量

钼粉	纯度	费氏粒度/μm	Fe/10⁻⁶	Ni/10⁻⁶	K/10⁻⁶	C/10⁻⁶	N/10⁻⁶	O/10⁻⁶
1#	99.95%	3.4	<10	<5	<20	13	34	1400
2#	99.95%	3.2	<10	<5	<20	12	35	1800

用 XPS 可以检测元素在物质中的价态。图 6.17 为 1#钼粉和钼板中钼和氧的

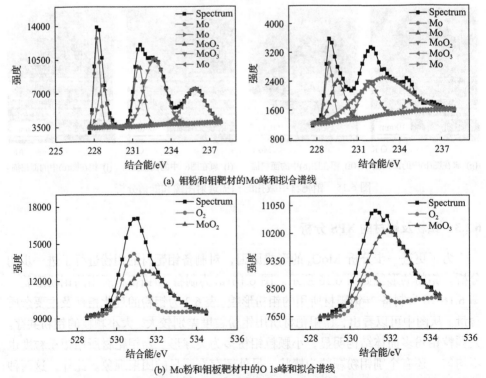

(a) 钼粉和钼靶材的Mo峰和拟合谱线

(b) Mo粉和钼板靶材中的O 1s峰和拟合谱线

图 6.17　钼粉和钼靶材的 XPS 谱

1s 图谱。从图中可以看出钼主要以单质 Mo、MoO_2 和 MoO_3 的形式存在。从表 6.3~表 6.5 可以看出，粉末和固体中元素与氧化物的比值分别为 45.25:54.75 和 31.09:68.91。钼粉制成钼板后，MoO_3 含量显著增加。O1s 分析也表明，钼粉制成钼板后，MoO_3 含量显著增加。

表 6.3　钼粉中钼和钼氧化物的含量

含量	Mo	MoO_2	MoO_3
摩尔比/%	45.25	16.74	38.01
质量百分比/%	36.32	17.92	45.76

表 6.4　钼靶材中钼和钼氧化物的含量

含量	Mo	MoO_2	MoO_3
摩尔比/%	31.09	17.16	51.75
质量百分比/%	23.62	17.39	58.99

表 6.5　钼粉和钼靶材中氧和氧化物的含量

含量	钼粉		钼靶材	
	O_2	MoO_2	O_2	MoO_3
摩尔比/%	42.86	57.14	20.62	79.38

6.2.4　MoO_3 形成原因分析

钼粉作为制备钼靶材的原料，其质量对钼靶材的性能有很大影响。钼粉通常存在粒径不均、团聚严重、形貌不规则、粒径分布宽等缺陷，这些缺陷的存在将导致烧结和塑性变形过程中出现很多问题[3-5]。

腐蚀后出现特类似"微孔"形貌的钼靶材和 6.1 节中制备的钼靶材工艺相同，但晶粒均匀性、密度相差很大。究其原因问题应该是出在原材料钼粉上。通过对比可以看出，腐蚀后晶粒细小均匀的钼靶材所用钼粉粒径均匀，分散性好，用其制备的钼靶材晶粒均匀、密度高。其主要原因是钼粉的微观形貌和含氧量的不同。粒度均匀、分散性较好的钼粉在烧结过程中基本上需要相同的能量，因此晶粒长大趋势相同，烧结体的晶粒尺寸均匀。另外两种钼粉粒度不均，还有一定的团聚现象。这种钼粉在冷等静压和烧结过程中会出现拱桥现象[6]。这是因为当钼粉粒度不同时，烧结过程所需的能量也不同。在相同的烧结条件下，晶粒长大趋势不同，最终导致烧结组织不均匀，甚至在晶界或晶粒内部容易产生裂纹或微孔。此外，团聚颗粒的表面能和烧结活性降低。这导致了团聚粉体相对于周围颗粒的烧结滞后。当延迟烧结的烧结粉末开始烧结时，其周围形成了相对致密的壁面，导致杂质和气体无法排出[7-13]。此外，孔的边缘是非晶和纳米晶的混合区，非晶体可以通过气相、液相或固相反应快速冷却形成。这是高能态原子的无序排列。从非晶相开始，原子可以在很短的范围内由温度或外力引起的无序排列，形成纳米晶。在本节中，在孔边形成的纳米晶为 MoO_3，具有简单的单斜晶体结构，单位晶胞参数为 a=7.1222，b=5.366，c=5.566，β=92.01。MoO_3 形成的原因之一可能是钼粉中氧含量高，氧元素不能及时排出，杂质元素在高温下容易扩散到晶界、位错、微孔附近等组织缺陷中，与钼结合形成 MoO_3。

形成 MoO_3 的另一种可能性可能是通过歧化反应，如式(6.1)所示：

$$3MoO_2(s) === Mo(s)+2MoO_3(g) \tag{6.1}$$

这种反应主要发生在高温下。在真空条件下，该反应在 1240℃下进行[14]。XPS 实验还表明，与钼粉相比，钼靶材中 MoO_3 的含量显著增加，而 MoO_2 的含量则显著降低。这可能是因为歧化反应导致的。

6.2.5　钼靶材微观组织调控

为改善这种组织出现类似微孔的现象，对钼粉进行处理，经过筛分，使钼粉粒度更加均匀，氧含量进一步降低，筛分后的钼粉形貌如图 6.18 所示。从图中可以看出，筛分后钼粉粒度均匀，无明显团聚现象。用该钼粉经相同工艺制备钼靶材，最后得到金相组织如图 6.19 所示。从图中可以看出，钼靶材的金相组

图 6.18　筛分后钼粉的形貌

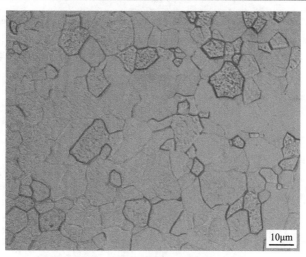

图 6.19　钼靶材的金相组织

织大小均匀，晶粒细小，无之前出现的类似"微孔"现象出现，组织得到了明显的改善。

　　因此，为获得质量性能优良的钼靶材，除需要制定合理的热工艺准则外，必须严格控制原材料钼粉的质量。

参 考 文 献

[1] 赵宝华, 朱琦, 王林, 等. 钼及钼复合材料理论与实践[M]. 西安: 西北工业大学出版社, 2013: 44-70, 164-165.

[2] Oertel C G, Huensche I, Skrotzki W, et al. Plastic anisotropy of straight and cross rolled molybdenum sheets[J]. Materials Science and Engineering A, 2008, 483-484: 79-83.

[3] An G, Sun J, Liu R Z, et al. Mechanical properties of molybdenum products prepared by using molybdenum powders with different micro-morphologies[J]. Rare Metals, 2015, 34(4): 276-281.

[4] Zhang B M, Xia X M, Li Q. Preparation of single-phase ammonium dimolybdate by combination process[J]. Rare Metals, 2012, 31(5): 517-522.

[5] 陈程, 尹海清, 曲选辉. 高纯钼板断口形貌和组织分析[J]. 稀有金属, 2007, 31(1): 10-13.

[6] 孙院军, 王林, 孙军, 等. 前驱粉对钼粉及后期制品性能的影响[J]. 中国钼业, 2006, 30(1): 31-34.

[7] 李晶, 刘仁智, 安耿, 等. 钼粉形貌对钼丝断裂性能的影响[J]. 中国钼业, 2009, 33(6): 28-31.

[8] Cockeram B V. The role of stress state on the fracture toughness and toughening mechanisms of wrought molybdenum and molybdenum alloys[J]. Materials Science and Engineering A, 2010, 528: 288-308.

[9] 张焜, 冯娟妮, 黄晓玲. 钼粉分级和配比对烧结钼板坯轧制性能的影响[J]. 中国钨业, 2015, 30(3): 52-57.

[10] 刘仁智, 王快社, 孙院军, 等. 不同团聚态钼粉制备板材的织构分析[J]. 粉末冶金技术, 2014, 32(2): 106-110.

[11] Ciulik J, Taleff E M. Powder-law creep of powder-metallurgy grade molybdenum sheet[J]. Materials Science and Engineering A, 2001, 463: 197-202.

[12] Lambrio A, Bonifacich F G, Bozzano P B, et al. Defects interaction processes in deformed high purity polycrystalline molybdenum at elevated temperatures[J]. Journal of Nuclear Materials, 2014, 453: 1-7.

[13] Cockeram B V. The role of stress state on the fracture toughness and toughening mechanisms of wrought molybdenum and molybdenum alloys[J]. Materials Science and Engineering A, 2010, 528(1): 288-308.

[14] 梁静, 李来平, 奚正平, 等. TZM 合金真空烧结脱氧的机制分析[J]. 稀有金属材料与工程, 2011, 40(6): 987-990.

第7章 钼薄膜与基底及薄膜厚度的关系

鉴于不同的基底会呈现不同的表面状态，且其基底表面扩散激活能的大小不相同，基底与沉积薄膜之间的晶格错配度也不同，因此，在不同基底上沉积制备出的钼薄膜将会在组织及性能方面均会有很大的不同。Xu[1]分别在柔性基底和不锈钢基底上沉积制备钼薄膜，并探究了其组织及电学性能，研究结果表明在不锈钢基底上沉积制备的钼薄膜其组织及导电性更佳。李超[2]则分别在聚酰亚铵(PI)柔性基底和非晶玻璃基底上溅射沉积制备出钼薄膜，研究结果表明当基底为非晶玻璃基底时，钼原子更容易在基底上形核并长大，薄膜的结晶性更好，钼薄膜的晶粒尺寸更大；而当基底为PI柔性基底时，由于基底和钼薄膜之间高的晶格错配度，沉积薄膜内会存在较大的内应力，最终会增加钼薄膜脱落倾向甚至会产生开裂。此外，在PI基底上薄膜晶粒呈橄榄形，而在玻璃基底上呈现出纺锥形；PI基底上沉积制备的钼薄膜的黏附性和导电性均劣于玻璃基底上沉积制备的薄膜。而李博研[3]则是分别在玻璃基底和不锈钢基底上溅射沉积制备钼薄膜，并对其组织和性能进行了表征，研究发现在玻璃基底和不锈钢基底上沉积制备的钼薄膜晶粒尺寸较为接近。但不同的是，在玻璃基底上制备的钼薄膜形貌为蠕虫状，薄膜相对致密且薄膜表面没有孔洞等缺陷；而在不锈钢基底上的钼薄膜颗粒排列较为疏松，薄膜表面存在孔洞，直接影响薄膜的使用性能。这是因为不锈钢基底具有较大的粗糙度，因此钼薄膜晶粒的成核及生长过程均在很大程度上受到基底的影响，不利于薄膜晶粒相互融合。

而薄膜厚度也是影响钼薄膜性能的重要参数之一[4,5]，随薄膜厚度的增加，薄膜结晶性能会更好，晶粒尺寸较大且结构致密，因此晶粒间界的散射程度降低，而自由电子的密度和迁移率均会提高，从而提高薄膜的导电性能。然而当薄膜厚度增加到临界值后，薄膜中晶粒数量的增多会增加薄膜生长过程中的晶界、位错和层错等缺陷，这会增加载流子的散射，从而导致薄膜的导电性降低。此外，表面能态的存在以及薄膜与基底界面间的晶格错配，位于晶界不规则点阵上原子的不饱和键通常使得晶界成为俘获载流子的陷阱，载流子易在此处湮灭也会导致薄膜导电性更加降低[6]。Huang等[7]探究了薄膜厚度对钼薄膜表面粗糙度、表面应力和导电性的影响，研究发现薄膜的导电性随着薄膜厚度的增加而增强，且表面应力也随之降低，但是其表面平整度略有增加。

鉴于此，本章试验主要是在普通钙钠玻璃基底和单晶硅基底上沉积制备厚度不同的钼薄膜，通过对薄膜进行表征探究并分析基底及薄膜厚度对钼薄膜组织及电学性能的影响，具体试验方案如表 7.1 所示。

表 7.1 玻璃和单晶硅基底上沉积制备钼薄膜的工艺参数

试样	本底真空度/Pa	溅射气压/Pa	溅射功率/W	氩气流量/(mL/min)	薄膜厚度/nm
1	2×10^{-4}	0.35	110	40	160
2	2×10^{-4}	0.35	110	40	210
3	2×10^{-4}	0.35	110	40	345
4	2×10^{-4}	0.35	110	40	470
5	2×10^{-4}	0.35	110	40	640

7.1 单晶硅基底上溅射沉积不同厚度钼薄膜

7.1.1 钼薄膜的表面形貌分析

在单晶硅基底上溅射沉积的钼薄膜，其表面颗粒大小较为均匀，随着薄膜厚度的增加，薄膜颗粒的形貌及尺寸均逐渐变化，如图 7.1 所示。当薄膜厚度小于 345nm 时，薄膜颗粒呈现出小的圆球形，且随着薄膜厚度的增加，均呈现出长条状且晶粒大小较为均匀，但薄膜的晶粒尺寸随薄膜厚度的增加而呈现不断增加的趋势。此外，薄膜的表面粗糙度却呈现逐渐降低的趋势。而后随着薄膜厚度增加至 470nm 时 [图 7.1(d)]，薄膜颗粒开始呈现出橄榄状，颗粒尺寸也明显增大，此时薄膜的表面最为平整光滑且致密性最好。随着薄膜厚度的进一步增加 [图 7.1(e)]，薄膜颗粒最终呈现出较大的类球状。

钼薄膜与基底之间的晶格错配度可以由式(7.1)进行计算：

$$\delta = \frac{|a_\alpha - a_\beta|}{a_\beta} \times 100\% \tag{7.1}$$

式中，δ 为两种物质之间的晶格错配度；a_α 和 a_β 分别为单晶硅和钼的晶格常数。由上式计算可得，钼薄膜与硅基底之间的晶格错配度为 0.72，钼薄膜与单晶硅基底之间形成半共格界面，界面能高于应变能，薄膜颗粒形貌多呈现球形。此时薄膜表面开始出现一些稍大的孔隙，薄膜致密性明显下降。且由于薄膜的颗粒尺寸并未进一步增加，因此，在一定的体积及面积内，电子通过钼薄膜的过程中散射路径会随着晶界数目的增加而增大，最终将会降低薄膜的导电性。

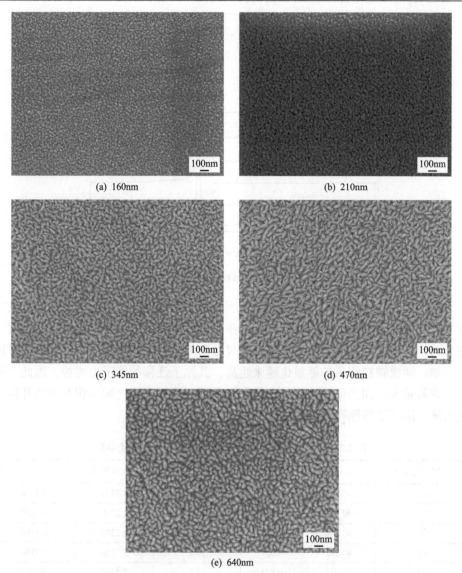

(a) 160nm

(b) 210nm

(c) 345nm

(d) 470nm

(e) 640nm

图 7.1　单晶硅基底上沉积不同厚度钼薄膜的 SEM 图

7.1.2　钼薄膜的结晶性能分析

　　单晶硅基底上沉积的钼薄膜结晶性能良好，均呈现出强烈的 (110) 结晶取向，如图 7.2 所示。可以看出且薄膜的结晶强度随着薄膜厚度的增加，(110) 晶面的峰高呈现出逐渐增强的趋势。

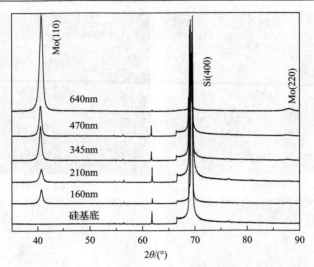

图 7.2　单晶硅基底上沉积制备不同厚度钼薄膜的 XRD 曲线

为了进一步分析沉积制备的不同厚度薄膜的结晶性能，计算了薄膜的半波带宽和晶粒尺寸等参数，如表 7.2 所示。随着薄膜厚度的增加，薄膜的半波带宽呈现先减小后增加的趋势，而薄膜的晶粒尺寸则与之相反。这是由于随着薄膜厚度的增加，薄膜颗粒积累的能量也越来越高，其原子迁移的能量也增加，因此薄膜颗粒容易长大。而当薄膜达到一定的厚度之后，薄膜颗粒之间的相互制约开始显现出来，阻碍了薄膜颗粒进一步长大的趋势。

表 7.2　单晶硅基底上沉积制备钼薄膜的结晶性能参数

薄膜厚度/ nm	2θ/(°)	半波带宽	晶粒尺寸/ nm	晶面间距/Å	应变/ %
160	40.704	0.701	12.2	2.2243	−0.0680
210	40.714	0.629	13.6	2.2248	−0.0455
345	40.536	0.538	16.0	2.2333	0.3364
470	40.542	0.527	16.4	2.2336	0.3498
640	40.712	0.673	12.7	2.2244	−0.0635

薄膜的晶格常数及应变的变化趋势如图 7.3 所示，随着薄膜厚度的增加，薄膜内部的应变从压应变逐渐变为拉应变，薄膜与基底之间的结合力也随之提高。而当薄膜厚度增加至 640nm 时，薄膜内部的应变却为压应变，这主要是由于大的球形薄膜颗粒之间的相互制约及挤压共同作用的结果。因此，薄膜的厚度不宜太厚，会影响到薄膜的表面平整度、膜基结合力及电学性能等，接下来会对此进行更加详细的讨论。

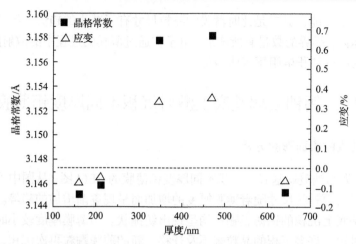

图 7.3　单晶硅基底上沉积不同厚度钼薄膜的晶格常数及应变的变化趋势

7.1.3　钼薄膜的电学性能分析

　　使用四探针测阻仪对在单晶硅基底上沉积制备的钼薄膜的方阻进行测试，并依据式(7.2)[8]对薄膜的体积电阻率进行计算：

$$R = R_\square \times D \tag{7.2}$$

其结果如图 7.4 所示。从图中可以清晰地看到，薄膜的方阻及电阻率均随着薄膜厚度的增加而逐渐降低。因为随着薄膜厚度的增加，薄膜颗粒获得足够的能量开始逐渐迁移并长大，薄膜表面逐渐变得光滑平整，致密性也有所提升。但是当薄膜厚度为 640nm 时，薄膜的体积电阻率反而略有升高的趋势，其一是由于当薄膜厚度为 640nm 时，大的球形薄膜颗粒的形成导致薄膜表面的致密性下降，进而影

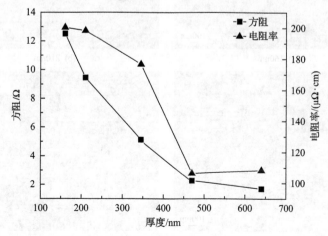

图 7.4　单晶硅基底上沉积不同厚度钼薄膜的表面方阻及体积电阻率

响薄膜的电学性能；其二是此时薄膜的晶粒尺寸有了减小的趋势，导致在一定的面积及体积内，晶界的数量有所增加，电子在通过薄膜的过程中的散射路径增加，最终促使薄膜的体积电阻率有所增加。

7.2 钙钠玻璃基底上溅射沉积不同厚度钼薄膜

7.2.1 钼薄膜的表面形貌分析

图 7.5 为钙钠玻璃基底上沉积不同厚度钼薄膜的 SEM 图。从图中可以明显地看出，薄膜表面颗粒尺寸随着薄膜厚度的增加而呈现逐渐增加的趋势。此外，在钙钠玻璃基底上沉积的钼薄膜颗粒均呈现出纺锤状。当薄膜厚度较小时，薄膜沉积的时间过短，许多沉积的晶粒来不及迁移，新的薄膜颗粒再次沉积，最终导致一些薄膜颗粒的团聚物的形成。随着薄膜厚度的增加，薄膜颗粒开始积聚足够的能量来进行原子迁移和晶体的长大，薄膜表面的团聚物开始减少，最终形成表面完全光滑平整的钼薄膜。但是当薄膜厚度进一步增加至 640nm 时，薄膜表面开始出现一下尺寸较大的大颗粒，这些大颗粒的存在使得薄膜表面的空隙量明显增加，进而会影响薄膜的使用性能。此外，值得一提的是，随薄膜厚度的增加，晶粒尺寸增大，形态并无明显变化。

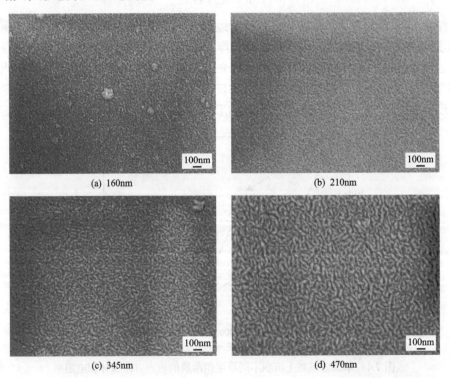

(a) 160nm　　　　　　　(b) 210nm

(c) 345nm　　　　　　　(d) 470nm

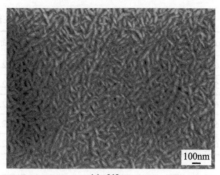

(e) 640nm

图 7.5　钙钠玻璃基底上沉积不同厚度钼薄膜的 SEM 图

7.2.2　钼薄膜的结晶性能分析

使用 X 射线衍射仪对玻璃基底上沉积钼薄膜进行了表征，如图 7.6 所示。

在钙钠玻璃基底上沉积的钼薄膜沿(110)晶面择优生长，且择优取向强度随着薄膜厚度的增加而逐渐增加，如图 7.6 所示。为进一步分析薄膜的结晶性能，计算了薄膜晶粒尺寸等参数，如表 7.3 所示。随薄膜厚度增加，玻璃基底上沉积薄膜的半波带宽呈减小趋势，而薄膜晶粒尺寸则相反。这是由于随着薄膜厚度的增加，薄膜颗粒积累的能量也越来越高，原子迁移速度和迁移范围均有所增加，薄膜颗粒逐渐长大。此外，随着(110)晶面的晶面间距的增加，薄膜的晶格常数也随之增加，进而薄膜应变逐渐由压应变变为拉应变，如图 7.7 所示。

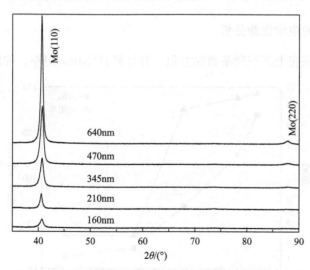

图 7.6　钙钠玻璃基底上沉积不同厚度钼薄膜的 XRD 曲线

表 7.3 钙钠玻璃基底上沉积制备钼薄膜的结晶性能参数

薄膜厚度/ nm	2θ/(°)	半波带宽	晶粒尺寸/ nm	晶面间距/ Å	应变/ %
160	40.690	0.680	12.6	2.2254	−0.0186
210	40.537	0.676	12.7	2.2255	−0.0141
345	40.685	0.660	13.0	2.2318	0.2690
470	40.693	0.496	17.4	2.2356	0.4397
640	40.631	0.432	20.2	2.2386	0.5745

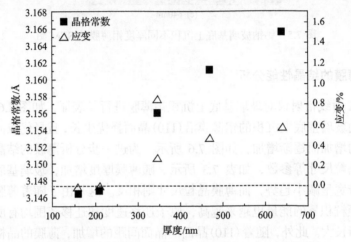

图 7.7　钙钠玻璃基底上沉积不同厚度钼薄膜的晶格常数及应变

7.2.3　钼薄膜的电学性能分析

测试玻璃基底上沉积制备薄膜方阻，并计算其体积电阻率，如图 7.8 所示。

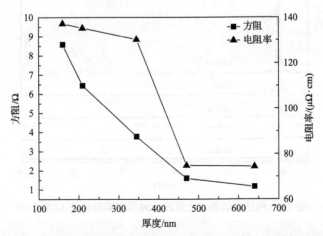

图 7.8　钙钠玻璃基底上沉积不同厚度钼薄膜的方阻及体积电阻率

　　由图 7.8 可以看出，随着薄膜厚度的增加，沉积制备得到的钼薄膜的方阻及体积电阻率均而呈现出先降低后略微增加的趋势。当薄膜厚度小于 470nm 时，随着薄膜厚度的增加，玻璃基底和硅基底上沉积制备钼薄膜的方阻分别从 8.52Ω 和 12.65Ω 降低至 1.59Ω 和 2.26Ω，体积电阻率分别从 131.84μΩ·cm 和 145.43μΩ·cm 降低至 55.50μΩ·cm 和 77.41μΩ·cm。而当薄膜厚度继续增加至 640nm 时，虽然此时薄膜的表面方阻略微降低，但是其体积电阻率并没有随着薄膜厚度的增加而进一步降低，反而有回升的趋势。也即是说，在 470nm 时，薄膜的体积电阻率最低。其主要原因在于薄膜的体积电阻率是薄膜方阻及薄膜厚度的乘积，当薄膜厚度超过 470nm 后，薄膜的方阻的降低趋势不够明显，其降低趋势远远低于薄膜厚度的增加趋势，故而两者的乘积即薄膜的体积电阻率略有所增加。综上所述，当薄膜厚度低于 470nm 时，薄膜的电学性能随着薄膜厚度的增加而持续提高，但当薄膜厚度更高时，薄膜的导电性反而略有降低的倾向。

7.3　磁控溅射法沉积制备钼薄膜的截面形貌

　　采用扫描电镜对磁控溅射法沉积制备不同厚度钼薄膜的截面形貌进行了表征，如图 7.9 所示，其中图 7.9(a)、(b)为单晶硅基底，图 7.9(c)～(e)中所示为钙钠玻璃基底。从图中可以看出，随着沉积薄膜厚度的增加，钼薄膜的截面形貌差异并不大，薄膜均呈现柱状晶方式生长，且薄膜截面的晶体直径随着薄膜厚度的增加而有所增加。图 7.9(a)～(c)中的薄膜有明显的剥落现象，其原因在于随着外力的作用，薄膜的完整性遭到破坏，且膜基结合力略低，局部薄膜容易从基底上脱落，此外，从图中能够看出此时薄膜的表面上呈现出一定程度的高低不平整，一些薄膜大颗粒的存在直接影响了薄膜的表面粗糙度。而图 7.9(d)中薄膜的截面较为平整干净，从图中可以明显地看出，钼薄膜截面处柱状晶排列得整齐且致密，另外，截面图中所示的薄膜上表面较为平整，没有出现较大的起伏，这表明

(a)　160nm

(b)　210nm

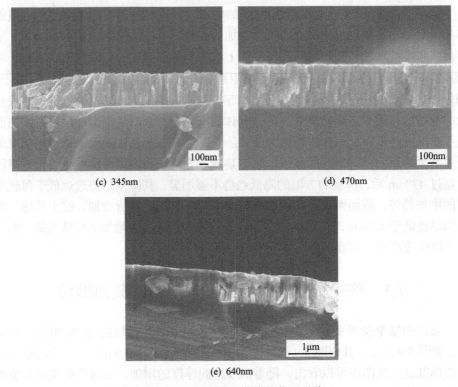

(c) 345nm

(d) 470nm

(e) 640nm

图 7.9　不同厚度钼薄膜的截面形貌

此时薄膜的表面粗糙度较低。而图 7.9(e)中所示，随着薄膜厚度的进一步增加，薄膜截面处的剥落情况更加明显，有些柱状晶发生了折断现象，这与薄膜的膜基结合力及薄膜的内部应力和应变均有着极其紧密的关系。薄膜内部应力越小，受外力作用时，薄膜越不易发生剥落、折断，薄膜的截面形貌较为洁净整齐。

7.4　单晶硅和钙钠玻璃基底上沉积钼薄膜电学性能分析

纵向对比上述章节中的结果分析，可以清晰地发现在两种基底上沉积的厚度不同的钼薄膜的组织及性能变化规律基本上是一致的，均呈现(110)晶面取向。但值得一提的是，在该试验中，单晶硅基底上沉积的钼薄膜的表面方阻及体积电阻率反而比普通钙钠玻璃基底上沉积制备的钼薄膜高出了约 23.38%。其原因主要由于在单晶硅基底上沉积的钼薄膜呈球形，且尺寸较之在玻璃基底上沉积的薄膜晶粒略小。在基底面积及薄膜厚度一致的前提下，薄膜内部的晶粒数量明显高于在玻璃基底上沉积的钼薄膜。由公式(7.3)[9]可知，薄膜内晶粒的数量与薄膜的电阻成正比关系。

$$R_a = 2R_a(i) + (N-1)R_a(gb) \tag{7.3}$$

式中，$R_a(i)$ 是晶内电阻；$R_a(gb)$ 是晶界电阻；N 是晶粒数量。因此，在该试验中硅基底上沉积制备的钼薄膜的电阻率略高于同条件下在钙钠玻璃基底上沉积制备的钼薄膜。

通过磁控溅射方法在单晶硅基底和普通钙钠玻璃基底上制备了不同厚度的钼薄膜。结果表明：

(1) 在两种基底上沉积制备钼薄膜的晶粒尺寸均随着薄膜厚度的增加而增加。

(2) 在两种基底上沉积制备钼薄膜的均在(110)晶面择优生长，并以柱状晶方式进行生长，且随薄膜厚度的增加，沿(110)晶面择优生长程度越强烈。

(3) 当薄膜厚度小于 470nm 时，随着薄膜厚度的增加，玻璃基底和硅基底上沉积制备钼薄膜的表面方阻分别从 29.30Ω 和 29.38Ω 降低至 1.59Ω 和 2.26Ω，体积电阻率分别从 131.84μΩ·cm 和 145.43μΩ·cm 降低至 55.50μΩ·cm 和 77.41μΩ·cm。当薄膜厚度继续增加至 640nm 时，薄膜的表面方阻及体积电阻率并没有明显降低。

(4) 相同条件下，在钙钠玻璃基底上沉积的钼薄膜的表面方阻及体积电阻率比硅基底上平均低约 23.38%。

参 考 文 献

[1] Xu J. Effect of substrate bias on the structural and electrical properties of sputtered Mo thin films on flexible substrates[J]. Journal of Applied Biomaterials & Functional Materials, 2016, 14(Suppl 1): S20-S23.

[2] 李超. 柔性铜铟镓硒薄膜太阳能电池钼电极的制备、表征与性能研究[D]. 厦门：厦门大学, 2013.

[3] 李博研. 柔性不锈钢衬底铜铟镓硒(CIGS)薄膜太阳电池研究[D]. 天津：南开大学, 2012.

[4] Adams D P, Parfitt L J, Bilello J C, et al. Microstructure and residual stress of very thin Mo films[J]. Thin Solid Films, 1995, 266(1): 52-57.

[5] 陈燕平, 余飞鸿. 薄膜厚度和光学常数的主要测试方法[J]. 光学仪器, 2006, 28(6): 84-88.

[6] 朱继国, 柴卫平, 王华林, 等. 薄膜厚度对直流脉冲磁控溅射 Mo 薄膜光电性能的影响[J]. 光学仪器, 2008, 30(3): 55-59.

[7] Huang Y, Gao S, Tang Y, et al. The multi-functional stack design of a molybdenum back contact prepared by pulsed DC magnetron sputtering[J]. Thin Solid Films, 2016, 616: 820-827.

[8] Jörg T, Cordill M J, Franz R, et al. The electro-mechanical behavior of sputter-deposited Mo thin films on flexible substrates[J]. Thin Solid Films, 2016, 606: 45-50.

[9] Tamaki J, Miyaji A, Makinodan J, et al. Effect of micro-gap electrode on detection of dilute NO2 using WO3 thin film microsensors[J]. Sensors & Actuators B Chemical, 2005, 108(1): 202-206.

第8章 单层钼薄膜的热处理

8.1 不同热处理方式和温度制备钼薄膜

性能优异的钼靶材,是制备性能良好的钼薄膜的基本保障,然后才可以通过溅射工艺的优化来制备出结晶性更好,光电性能更优的钼薄膜,从而制备出效率更高的薄膜太阳能电池。在制备钼薄膜的过程中,通过调节溅射工艺参数如溅射气压、功率、基底温度、退火温度、靶材到基底的距离(简称靶基距)和溅射类型(分为射频溅射 RF 和直流溅射 DC)等,可以控制和调整钼薄膜的微观结构和形貌,使其微结构和光电性能发生变化,形貌可以由蠕虫状变成三角锥型或者金字塔形,致密度可以由多孔疏松变得更加致密,也可以影响钼薄膜的残余应力、导电性、光学反射率和黏结性等[1,2],从而可以影响太阳能电池的效率。此外,钼背电极材料在制备 CIGS 等薄膜太阳能电池时需要承受一定的高温,因此研究高温下制备钼薄膜的性能尤为重要。而对钼薄膜常见的热处理方式主要有基底加热和退火处理,所以基底加热和退火处理对钼薄膜的影响引起了许多科研工作者的兴趣。基底加热和退火处理可以促进晶粒生长,从而影响钼薄膜的光电性能。

本章详细研究了不同的热处理方式和温度对钼薄膜结构和光电性能的影响。首先采用直流磁控溅射法在不同基底温度沉积钼薄膜,然后在高纯氩气保护下在不同温度退火。具体来说,可以分为三个实验过程:①在不同基底温度通过磁控溅射法沉积钼薄膜,并对沉积的钼薄膜结构和光电性能进行研究;②对于室温沉积的钼薄膜,在管式炉中不同温度下进行退火处理,研究退火温度对钼薄膜结构和光电性能的影响;③对不同基底温度沉积的钼薄膜再次进行退火处理,研究不同的基底温度和退火温度对钼薄膜的微结构和光电性能的影响。为定量地分析基底温度和退火温度对钼薄膜晶体结构和表面形貌演变以及光电性能的影响,采用各种实验设备和测试方法对钼薄膜进行了测试和表征,并进行了比较,最后优化出性能优异的钼薄膜,以制备的钼薄膜作为电极制备 CIGS 太阳能电池。

实验中,钼薄膜制备的溅射参数和制备材料见表 8.1。为研究基底温度和退火温度对钼薄膜结构和性能的影响,设计了三个实验步骤:①分别在室温(RT)、100℃、200℃、300℃、350℃和 400℃六个不同基底温度下,通过直流磁控溅射法沉积钼薄膜；②对室温下沉积的钼薄膜分别在 100℃、200℃、300℃、350℃和 400℃进行退火处理；③对在 100℃、200℃、300℃、350℃和 400℃基底加热沉积的钼薄膜，分别在 300℃和 400℃进行退火处理。为避免氧化，所有样品在溅射时和退火后都让其自然冷却。

通过三级共蒸发过程在溅射沉积的钼电极/SLG 基底上沉积厚度约为 1.5μm 的 CIGS 吸收层[3]，采用化学气相沉积法（CBD）制备 CdS 缓冲层（约 50nm）、通过磁控溅射法制备本征氧化锌（i-ZnO）（约 80nm）/n 型铟锡氧化物（ITO）窗口层，然后用蒸发方法制备厚度为 500nm 的铝栅格电极。这里制备了具有 SLG/Mo/CIGS/CdS/i-ZnO/n-ITO/Al 结构的 CIGS 薄膜太阳能电池，没有使用抗反射涂层。

表 8.1　钼薄膜制备的工艺参数

参数	具体内容
溅射衬底	20mm×20mm×1mm 的钙钠玻璃（SLG）
基座转速	100r/min
靶基距	8cm
靶材纯度和大小	99.97%，Φ50mm×5mm
溅射气压	0.3Pa
溅射时间	0.5h
退火时间	0.5h

8.2　基底加热对钼薄膜的影响

8.2.1　基底加热对钼薄膜结晶性的影响

基底温度是影响薄膜结构和性能的一个重要工艺参数，基底温度可以影响靶材粒子在基底上的吸附、迁移、成核和生长等过程。图 8.1 显示了在不同基底温度下沉积在 SLG 衬底上钼薄膜的 XRD 图谱。由图可以看出，在不同基底温度下溅射的钼薄膜均具有体心立方（bcc）结构，并且薄膜都沿（110）晶面择优取向生长。这是具有体心立方结构钼薄膜的常见结构。这是因为具有体心立方结构的（110）晶面具有最低的表面自由能，所以在钼薄膜生长过程中总是倾向于优先生长。在不同基底温度制备的钼薄膜（110）衍射峰的强度和晶粒尺寸变化如表 8.2 所示。由表 8.2 可以看出，当基底温度从 100℃增加到 400℃时，随着基底温度的增加，峰的强度和晶粒尺寸逐渐增加。表明随着基底温度由室温（RT）增加到 400℃时，钼薄膜的结晶质量逐渐提高。这主要是由于较高基底温度为溅射到基底上的钼粒子提供了更高的能量，增加了粒子的表面迁移力和扩散力，因此，它们可以有足够的能量用来填充空隙或者空位，促进它们在基底上的成核和生长，获得更好的结晶性[4]，这个结果与文献[5]中报道的一致。

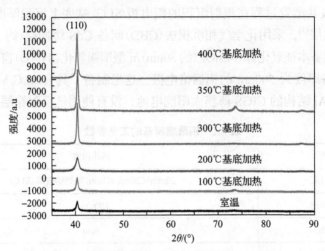

图 8.1　不同基底温度溅射钼薄膜的 XRD 分析

表 8.2　不同基底温度制备钼薄膜的黏结性、晶粒尺寸和(110)衍射峰强度

样品编号	基底温度/℃	晶粒尺寸/nm	(110)峰强度	黏结性(通过/失败)
A-0	RT	11.7	904	通过
A-1	100	17.2	1210	通过
A-2	200	20.4	1224	通过
A-3	300	28.5	3403	通过
A-4	350	30.9	3706	通过
A-5	400	33.1	4569	通过

8.2.2　基底加热对钼薄膜应力和黏结性的影响

纳米薄膜与基底的结合力主要取决于两种材料的黏结力和薄膜的内应力。根据 Suo 和 Hutchinson 关于薄膜和基底间界面裂纹扩展的理论[6]，当薄膜的内应力远大于材料的黏结力时，裂纹优先沿界面传播。此时，薄膜将以无损的方式完全从基板上脱落。相反，裂纹会扩散到薄膜的内部，从而完全损坏薄膜。对于薄膜厚度远小于基底厚度的情况，Volinsky 等提出了界面韧性[7]Γ的概念，用于定性地反映薄膜与基底的黏结力。Γ表示为

$$\Gamma_{\mathrm{I}} = \Gamma_0 \left\{ 1 + \tan^2 \left[\Psi(1-\lambda) \right] \right\} \tag{8.1}$$

$$\Gamma_{\mathrm{II}} = \Gamma_0 [1 + (1-\lambda)\tan^2 \Psi] \tag{8.2}$$

式中，Γ_{I} 和 Γ_{II} 分别是上述裂纹扩展的两种模式的界面韧性；Ψ 为相角，可由式(8.3)求得

$$\Psi = \tan^{-1} \left(\frac{Ph\sin\omega - 2\sqrt{3}M\cos\omega}{Ph\cos\omega + 2\sqrt{3}M\sin\omega} \right) \tag{8.3}$$

其中，ω 为无量纲标量函数。λ 是可调参数，其值由式(8.4)获得

$$\lambda = \sqrt{\frac{I}{A}} \frac{Ph}{M} \tag{8.4}$$

其中，P 是薄膜和基底的载荷；M 是荷载 P 引起的弯矩；h 是薄膜厚度；A 和 I 都是无量纲标量函数。

当薄膜和基底的材料确定后，薄膜的内应力成为影响两者黏结性的关键因素。薄膜的内应力由本征应力和热应力组成。薄膜通常在较高的温度下沉积以降低内应力，热应力表示为

$$\sigma = \frac{E}{1-\nu_1}(\mu_1 - \mu_0)(T_1 - T_0) \tag{8.5}$$

式中，E 和 ν_1 分别是薄膜的弹性模量和泊松比；μ_1 和 μ_0 分别是两种材料的热膨胀系数；T_1 和 T_0 分别是沉积温度和环境温度。

图 8.2　薄膜基底示意图

如图 8.2 所示，假设材料特性是各向同性的且不随温度变化。薄膜与基底的结合界面完全没有空隙。当薄膜和基底的载荷仅为薄膜热应力 σ 时，弯矩 M 表示为

$$M = \sigma\left(H - \varsigma + \frac{h}{2} \right) \tag{8.6}$$

式中，H 是基底的厚度；ς 是中性轴的位置，由式(8.7)得出

$$\varsigma = \frac{\sum_{j=1}^{i} E_j h_j \left(2\sum_{j=1}^{i} h_{j-1} + h_j\right)}{2\sum_{j=1}^{i} E_j h_j} \tag{8.7}$$

其中，$i=2$，$j=0,1,2$，分别代表基底、第1层薄膜、第2层薄膜。弯矩 M 的表达式可联立式(8.6)和式(8.7)求得

$$M = \sigma\left[\frac{h}{2} + \frac{E_0 H^2 - E_1 h^2}{2(E_0 H + E_1 h)}\right] \tag{8.8}$$

由 Γ 的表达式可以看出，薄膜的热应力 σ 值不影响薄膜与基体的界面韧性。薄膜与基底的界面韧性仅取决于其本身的材料性质和厚度。选择材料性能匹配度较高的薄膜和基底有利于提高界面韧性。所以在材料和厚度确定的情况下，钼薄膜和基底的黏结性主要取决于内应力。因此，合理控制薄膜的内应力对薄膜的黏结性具有重要意义。

磁控溅射制备薄膜过程中，为了控制应力，普遍使用的手段是在沉积薄膜过程中优化薄膜制备工艺(如溅射功率、工作气压、基底温度等)。目前，大量溅射沉积工艺对薄膜应力的影响研究表明，溅射功率、工作气压、电源偏压、基底温度、溅射角度等工艺参数都对薄膜应力产生影响，且这些因素共同影响薄膜应力。钼薄膜应力随基底温度的变化如图8.3所示，随着基底温度的增加，钼薄膜的压应力由0.78GPa减小到0.18GPa，应力逐渐减小，黏结性逐渐增强。通过对制备钼薄膜进行定性胶带黏结性测试，发现所有钼薄膜都通过了黏结性测试。钼薄膜应力的大小和状态与沉积条件有关，应力的变化说明钼薄膜的微结构发生了变化，这主要是由于空隙、空洞等晶体缺陷引起的。这些缺陷导致了钼薄膜中应力的改变。压应力与沉积过程中入射的高能粒子撞击薄膜表面有关。薄膜表面的附着原子会被随后的入射粒子撞击，并通过敲击过程嵌入薄膜的亚表面，这也被称为原子喷丸效应[8]。这些错配的原子将在周围的基体中产生一个应变场。在较高基底温度下，钼薄膜中的钼粒子具有较高的能量，可以增加其表面迁移力和扩散力，使粒子发生重排，可以填充微孔和/或空位等缺陷，促进晶粒生长和成核，从而使薄膜具有较好的结晶性，可以将错配原子调整到一个更平衡的状态，晶体缺陷减少[9-11]，在一定程度上缓解了压应力(图中用负数表示)。

另外基底温度对薄膜应力的影响可通过热应力的形式表现出来，热应力是基底热膨胀系数 μ_1、薄膜热膨胀系数 μ_0 及沉积温度与环境温度之差 $(T_1 - T_0)$ 造成的，即式(8.5)。因为钼薄膜的热膨胀系数 $\mu_1 > \mu_0$ 基底，所以在室温测定高温沉积于基底上的钼薄膜的热应力表现为张应力(图中用正数表示)，且随着基底温度升高热应力导致的张应力在稳定增长。而钼薄膜应力是热应力导致的张应力增加与薄膜

错配度减小产生的压应力减小相互作用的结果。因此，随着退火温度增加，张应力抵消了一部分压应力，所以压应力逐渐减小。

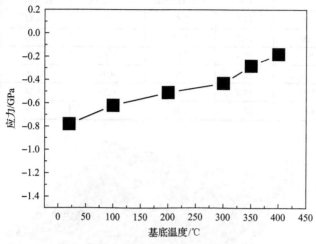

图 8.3 钼薄膜中应力随基底温度的变化

8.2.3 基底加热对钼薄膜表面形貌的影响

图 8.4 显示了不同基底温度制备钼薄膜的 SEM 图像。由图可以看出，所有的薄膜都是由尺寸分布比较均匀的三角形纳米颗粒组成。随着基底温度的增加，钼薄膜的平均颗粒大小从 11.7nm 逐渐增加到 33.1nm。此外，表 8.3 中列出了通过原子力显微镜(AFM)测出钼薄膜的均方根(RMS)粗糙度，由表可以看出，在较高基底温度制备的钼薄膜具有较高的表面粗糙度。具体地说，就是以基底加热方式沉积的钼薄膜，当基底温度从 100℃增加到 400℃时，均方根粗糙度从 2.36nm 逐渐增加到 5.62nm。均方根粗糙度的增加是由于随着基底温度的增加，粒子尺寸逐渐增加造成的。由于较大粒子的峰和底部之间高度差较大，较大的晶粒簇一般表面粗糙度也较高[12]，如图 8.5 所示。

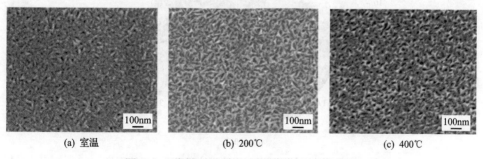

(a) 室温   (b) 200℃   (c) 400℃

图 8.4 不同基底温度沉积钼薄膜的 SEM 图像

表 8.3　不同基底温度钼薄膜的电阻率、晶粒尺寸、霍尔迁移率、载流子浓度和均方根粗糙度

试样编号	基底温度/℃	晶粒尺寸/nm	电阻率/$(10^{-5}\Omega\cdot cm)$	霍尔迁移率/$[cm^2/(V\cdot s)]$	载流子浓度/$10^{22}cm^{-3}$	均方根粗糙度/nm
A-0	RT	11.7	3.50	7.95	10.87	2.36
A-1	100	17.2	3.28	8.21	11.28	3.03
A-2	200	20.4	3.03	8.88	12.01	3.62
A-3	300	28.5	2.86	9.00	12.86	3.95
A-4	350	30.9	2.62	9.16	13.24	4.02
A-5	400	33.1	2.50	9.31	13.56	4.35

(a) 室温

(b) 200℃

(c) 400℃

图 8.5　不同基底温度沉积钼薄膜的原子力显微镜图像

8.2.4 基底加热对钼薄膜电学性能的影响

图 8.6 显示不同基底温度制备钼薄膜的微应变、位错密度，以及载流子浓度和电阻率之间的关系。由图可以看出，随着基底温度的增加，薄膜的微应变和位错密度都逐渐减小，这直接降低了薄膜的电阻率，电阻率由 $3.50 \times 10^{-5}\Omega \cdot cm$ 减小到 $2.50 \times 10^{-5}\Omega \cdot cm$，载流子浓度由 $10.87 \times 10^{22} cm^{-3}$ 增加到 $13.56 \times 10^{22} cm^{-3}$。决定金属薄膜电阻率的电子传导机理最终取决于晶界、位错、杂质、微应变和点缺陷等结构缺陷引起的电子散射过程[13]。Warkusz 和 Sondheimer 将电子的各向同性散射和表面散射考虑到他们的导电模型中，该模型描述了体电阻率和薄膜电阻率之间的关系[14,15]。另一方面，Mayadaz 和 Shatzkes 考虑了各向同性电子的散射、表面散射和晶界散射的同时机理[16]，其结果为

$$\frac{\rho_f}{\rho_0} = \frac{1}{G(a)} \tag{8.9}$$

式中，ρ_f 和 ρ_0 分别是薄膜和单晶的电阻率

$$G(a) = 1 - \frac{3}{2}\alpha + 3\alpha^2 - 3\alpha^3 \ln\left(1 + \frac{1}{\alpha}\right) \tag{8.10}$$

$$\alpha = \frac{\lambda}{d}\frac{r}{1-r} \tag{8.11}$$

式中，α 是一个前置因子，它取决于电子的平均自由程 λ、晶粒尺寸 d、电子的晶界反射系数 r。在本节中，由于钼薄膜的多晶性质和柱状晶粒边界的存在，Mayadaz 和 Shatzkes 所描述的散射机理很可能发生在钼薄膜中，假设所有薄膜的晶界反射系数由于相同的微观结构特征而近似相同，上述方程与晶粒尺寸有关，从式 (8.9)～式 (8.11) 可以推出，增加晶粒尺寸会减小薄膜电阻率，与本书的结果相吻合 (图 8.6 和表 8.3)。除晶粒尺寸影响外，随机分布的位错核所导致的费米电子共振散射，通过限制载流子迁移率也会引起薄膜电阻率的变化[17]。另外，Rafaja 等根据均方微应变与位错密度的线性比例关系，证明位错密度引起的电阻率变化实际上也是由均方微应变引起的[18]。图 8.6(a) 描绘了 (110) 晶面取向的位错密度和微应变之间的变化，发现载流子迁移率的增加和电阻率的降低 (表 8.3) 与 (110) 晶面的位错密度和微应变的减小密切相关。观察到电学参数的变化是由于位错核附近应变场引起电子散射产生的，随着基底温度增加，钼薄膜中粒子吸收的能量逐渐增加，纳米粒子在钼薄膜中迁移力和扩散力逐渐增强，钼薄膜结晶度逐渐提高，位错、微应变及位错密度逐渐减少，晶粒尺寸逐渐增加，晶界散射减少，所

以钼薄膜电阻率减小，在 400℃基底加热时位错密度和微应变最小，晶粒尺寸最大，钼薄膜电阻率最低，比原室温溅射钼薄膜导电性提高了 28.6%。

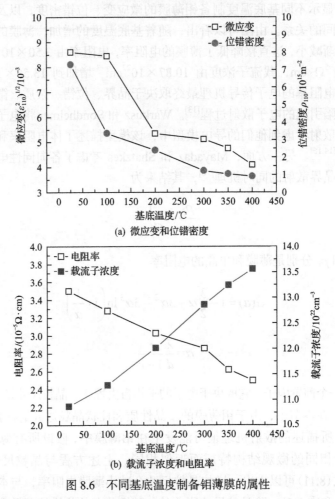

(a) 微应变和位错密度

(b) 载流子浓度和电阻率

图 8.6　不同基底温度制备钼薄膜的属性

8.2.5　基底加热对钼薄膜光学性能的影响

　　钼薄膜反射率对提高太阳能电池效率也是一个至关重要的参数，因为优化太阳能电池背电极钼薄膜的反射率可以使没有被吸收的光子有第二次机会被活性电池层捕获，所以较高的反射率可以提高太阳能电池效率[19]。图 8.7 显示不同基底温度制备钼薄膜的反射率。在较高基底温度制备的钼薄膜具有较高反射率。随着基底温度增加，反射率逐渐升高。在 400℃基底温度制备的钼薄膜，反射率达到最大值。

　　反射率急剧增加主要归因于钼薄膜致密度和晶粒尺寸的增加，它导致光散射减少。研究还发现，在不同基底温度制备钼薄膜的晶粒尺寸从 11.7nm 增加到 33.1nm，并且在较高基底温度制备的钼薄膜结构比在较低基底温度制备的表面更加均匀致密。这是因为较高基底温度可以为钼粒子提供足够的能量，增强表面迁移力和扩散力，促进钼晶粒生长和晶粒聚集，从而促进钼薄膜中晶粒重构和薄膜光学性能的积极变化。随着钼薄膜晶粒长大，晶体表面能逐渐释放，薄膜中缺陷减少。同时，随着基底温度增加，晶粒尺寸逐渐增大，薄膜表面积相应减小，从而降低了薄膜应力。因此，在较高基底温度沉积钼薄膜，可以提高薄膜晶粒尺寸，降低薄膜应力，从而提高薄膜反射率[20]。

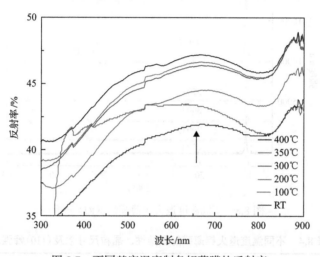

图 8.7　不同基底温度制备钼薄膜的反射率

8.3　退火处理对钼薄膜的影响

8.3.1　退火处理对钼薄膜结晶性的影响

图 8.8 显示不同温度退火钼薄膜的 XRD 图谱。结果表明，不同温度退火的钼薄膜均具有体心立方(bcc)结构，并且所有薄膜的择优取向和前面基底加热相比较没有发生太大的变化，仍沿(110)晶面择优取向生长。这是因为在溅射沉积钼薄膜时以表面能为主要动力，而(110)晶面表面能最低，所以在沉积钼薄膜过程中，钼薄膜总是沿着平行于基底方向(110)晶面择优取向生长，从而降低钼薄膜自身的表面自由能。在不同退火温度钼薄膜的(110)衍射峰强度和晶粒尺寸如表 8.4 所示。(110)峰强度从 904 增加到 5062，粒子尺寸从 11.7nm 增加到 35.2nm。由表 8.4 可以看出，随退火温度增加，钼薄膜晶粒尺寸逐渐增加，(110)衍射峰强度也逐渐增

强。在相同温度退火样品的(110)衍射峰强度和晶粒尺寸比基底加热时的要强要大一些。(110)衍射峰强度和(110)晶面平均晶粒尺寸的增加，表明随退火温度由100℃增加到400℃钼薄膜结晶性逐渐增强。这是由于退火过程让钼薄膜进行了再次生长和重排，并且较高的退火温度为钼粒子提供了更多的能量，使粒子表面迁移力和扩散力增加。因此，它们可以有足够的能量用来迁移和填充微孔或者空位，促进它们在基底上的成核和生长，提高了钼薄膜的结晶性[4]。

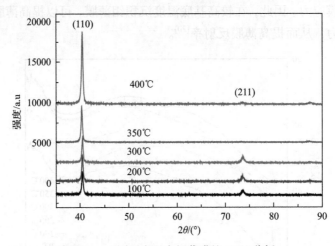

图 8.8　不同温度退火钼薄膜的 XRD 分析

表 8.4　不同温度退火钼薄膜的黏结性、晶粒尺寸以及(110)峰强度

试样编号	退火温度/℃	晶粒尺寸/nm	(110)峰强度	黏结性(通过/失败)
B-0	RT	11.7	904	通过
B-1	100	19.6	1332	通过
B-2	200	21.0	1456	通过
B-3	300	31.3	3608	通过
B-4	350	33.6	4735	通过
B-5	400	35.2	5062	通过

8.3.2　退火处理对钼薄膜应力和黏结性的影响

虽然可以通过优化钼薄膜的工艺参数来调节薄膜生长阶段所产生的应力，但是通过后续薄膜的退火处理可以调节薄膜应力的变化，所以薄膜的退火处理也是控制薄膜应力的关键方法。

对经过不同退火温度处理的钼薄膜进行了黏结性测试，所制备钼薄膜都通过了黏结性测试，其应力随退火温度变化如图 8.9 所示，先随退火温度的升高，压应力逐渐减小，在 350～400℃几乎减小到零，然后随着退火温度的进一步升高又逐渐显示出低的张应力。这一变化主要是由于随退火温度的增加，钼薄膜中粒子吸收的能量逐渐增加，表面迁移力和扩散力逐渐增强，粒子进行了二次生长和重排，更多的粒子达到了平衡位置，将错配原子调整到了一个更平衡的状态，空隙和空位等缺陷逐渐减少[10,11]，钼薄膜结晶性更好，从而在一定程度上进一步缓解了压应力。而此时随着退火温度的增加，由式(8.5)计算出的热应力为张应力，随退火温度的升高而增加，而钼薄膜应力是这两种应力共同作用的结果。因此，随退火温度的升高，张应力抵消了一部分压应力，最后为零，然后随着退火温度继续升高，张应力继续增加，逐渐开始表现出张应力。所以随退火温度升高，压应力先逐渐减小，然后又开始表现出张应力增加。

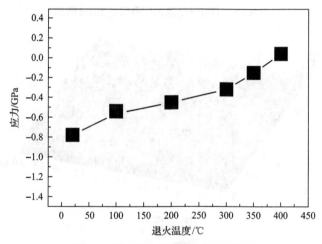

图 8.9　钼薄膜应力随退火温度的变化

8.3.3　退火处理对钼薄膜表面形貌的影响

图 8.10 显示的为不同温度退火钼薄膜的 SEM 图像。由图可以看出，所有薄膜形貌没有发生较大的变化，都是三角形纳米晶粒，并且分布比较均匀，只是晶粒随退火温度的升高逐渐增大，由室温的 11.7nm 增加到 400℃退火处理的 35.2nm。并且与基底加热的钼薄膜比较发现，当温度相同时，退火后钼薄膜的平均晶粒尺寸比基底加热时稍大。这是由于当温度相同时，退火后钼薄膜经历了再次生长和重排。钼粒子吸收了更多的能量，使粒子更容易生长，缺陷和空隙更少，所以钼薄膜的结晶性更好，晶粒更大。此外，通过原子力显微镜(AFM)测量不同温度退火钼薄膜的均方根(RMS)粗糙度在表 8.5 中列出，可以看出，较高温度退火的钼

薄膜具有较高的表面粗糙度。当退火温度从 100℃增加到 400℃时，均方根粗糙度
从 2.36nm 逐渐增加到 4.31nm，均方根粗糙度增加是晶粒尺寸增大造成的。因为
较大晶粒最高峰和底部之间高度差较大，所以较大晶粒簇的表面粗糙度较大[12]，
如图 8.11 所示。

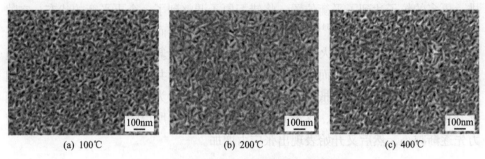

(a) 100℃　　　　　　　　　　(b) 200℃　　　　　　　　　　(c) 400℃

图 8.10　不同温度退火钼薄膜的 SEM 图像

(a) 100℃

(b) 200℃

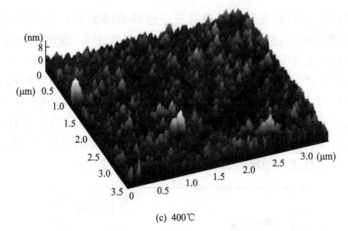

(c) 400℃

图 8.11　不同温度退火钼薄膜的原子力显微镜图像

表 8.5　不同温度退火钼薄膜电阻率、晶粒尺寸、霍尔迁移率和载流子浓度和均方根粗糙度

试样编号	晶粒尺寸/ nm	电阻率/ $(10^{-5}\Omega\cdot cm)$	霍尔迁移率/ $[cm^2/(V\cdot s)]$	载流子浓度/ $10^{22}cm^{-3}$	均方根粗糙度/ nm
B-0(RT)	11.7	3.50	7.95	10.87	2.36
B-1(100℃)	19.6	3.15	8.65	12.01	3.38
B-2(200℃)	21.0	3.00	8.96	12.63	3.83
B-3(300℃)	31.3	2.58	9.20	13.41	4.26
B-4(350℃)	33.6	2.45	9.66	13.80	4.53
B-5(400℃)	35.2	2.32	9.98	13.96	4.31

8.3.4　退火处理对钼薄膜电学性能的影响

图 8.12 显示不同温度退火钼薄膜的微应变和位错密度，以及载流子浓度和电阻率之间的关系。从图可以看出，随着退火温度的增加，薄膜的微应变和位错密度都逐渐减小，电阻率由 $3.50\times10^{-5}\Omega\cdot cm$ 减小到了 $2.32\times10^{-5}\Omega\cdot cm$，载流子浓度由 $10.87\times10^{22}cm^{-3}$ 增加到 $13.96\times10^{22}cm^{-3}$。产生这个结果的原因与前面分析类似，决定金属薄膜电阻率参数的电子传导机理最终取决于晶界、位错、杂质、微应变和点缺陷等结构缺陷引起的电子散射过程[13]。由 Fuchs 和 Sondheimer 导电模型，以及 Mayadaz 和 Shatzkes 各向同性电子散射机理[14-16]，钼薄膜电阻率可以通过式(8.9)～式(8.11)推出，增加晶粒尺寸会减小薄膜电阻率，与本书结果是一致的(图 8.12 和表 8.4)。除晶粒尺寸影响外，随机分布的位错核所导致的费米电子共振散射，通过限制载流子迁移率也会引起薄膜电阻率的变化[14]。另一方面，Rafaja 等[18]根据均方微应变与位错密度的线性比例关系，证明了位错密度引起的电阻率变化实际上也是由均方微应变引起的。图 8.12(a)描绘了(110)晶面取向位

错密度和微应变之间的变化。发现载流子迁移率增加和电阻率降低（表 8.4）与
（110）晶面择优取向的位错密度和微应变的减小密切相关。观察到电阻率变化是由
于位错核附近应变场引起的电子散射引起的。在本书中，随着退火温度增加，钼
薄膜中粒子吸收的能量增加，纳米粒子在钼薄膜中的迁移力和扩散力增强，经
历了二次生长和成核，钼薄膜中的粒子发生重排，钼薄膜的结晶性增强，空隙
和空洞等缺陷减少，位错和微应变以及位错密度减少，载流子迁移率和载流子
浓度增加，晶粒尺寸增加，所以电阻率减小，在 400℃时电阻率最低，为 $2.32\times10^{-5}\Omega\cdot cm$，导电性能比原室温溅射的钼薄膜提高了 33.7%。

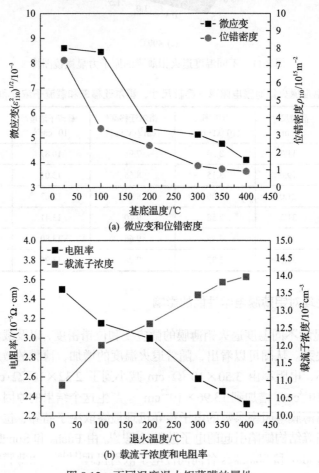

(a) 微应变和位错密度

(b) 载流子浓度和电阻率

图 8.12　不同温度退火钼薄膜的属性

8.3.5　退火处理对钼薄膜光学性能的影响

图 8.13 显示不同温度退火钼薄膜的反射率。在较高退火温度制备的钼薄膜具

有较高的反射率，随着退火温度的增加，反射率逐渐增加。退火处理可以消除钼薄膜中的应力以及缺陷和孔洞，所以经过退火处理后钼薄膜中粒子分布更加均匀致密，并且提高了晶粒合并周围粒子的能力，所以随退火温度增加，钼薄膜中的晶粒逐渐长大且均匀致密，薄膜表面积减小，导致光散射减少，反射率增加[20]。

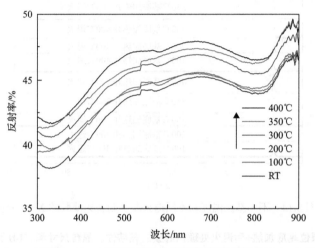

图 8.13　不同温度退火后钼薄膜的反射率

8.4　基底加热并退火处理对钼薄膜的影响

8.4.1　钼薄膜的晶体结构

图 8.14 显示原位基底加热+后退火处理钼薄膜的 XRD 图。由图可以看出，通过原位基底加热+后退火处理的钼薄膜都显示为体心立方(bcc)结构，和前面两种热处理方式一样，并没有改变钼薄膜的晶体结构，进一步说明体心立方结构(110)晶面具有最低的表面能，所以在钼薄膜沉积过程中总是倾向于(110)晶面择优取向生长。原位基底加热+后退火处理的钼薄膜(110)衍射峰强度和晶粒尺寸变化如表 8.6 所示。由表 8.6 可以看出，以不同热处理方式制备的钼薄膜，在同样温度原位基底加热+后退火处理的钼薄膜具有更强的(110)衍射峰强度和更大的晶粒尺寸，并且当基底温度和退火温度从 100℃增加到 400℃时，随温度增加，(110)衍射峰强度和平均晶粒尺寸也增加，表明随温度增加，钼薄膜结晶性逐渐提高。这主要是由于随温度增加，钼薄膜中晶粒吸收了更多的能量，促进了粒子迁移和扩散，使钼薄膜中晶粒进行了更好的成核和生长。因此，它们可以有更多的能量来填充微孔或空位，钼薄膜中的晶体缺陷密度迅速下降，包括位错、晶粒间的间隙

和空位[4]，从而获得了更好的结晶性。

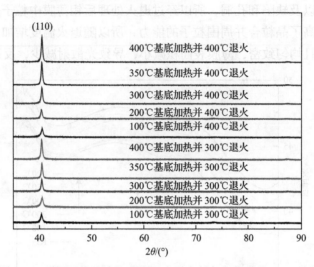

图 8.14　不同基底温度和不同退火温度制备钼薄膜的 XRD 分析

表 8.6　原位基底加热+后退火处理钼薄膜的黏结性、晶粒尺寸和(110)衍射峰强度

试样编号	基底温度/℃	退火温度/℃	晶格常数/Å	晶粒尺寸/nm	(110)峰强度	黏结性(通过/失败)
C-1	100	300	3.1531	35.1	3623	通过
C-2	200	300	3.1524	37.7	6501	通过
C-3	300	300	3.1512	42.6	6806	通过
C-4	350	300	3.1472	44.7	8215	通过
C-5	400	300	3.1434	46.1	8502	通过
D-1	100	400	3.1482	38.8	5831	通过
D-2	200	400	3.1451	44.3	6012	通过
D-3	300	400	3.1447	45.6	8326	通过
D-4	350	400	3.1446	47.8	8893	通过
D-5	400	400	3.1430	48.5	9229	通过

8.4.2　钼薄膜的应力和黏结性

基底加热+退火处理钼薄膜应力变化如图 8.15 所示，与胶带法测试结果一致，黏结性很好，其应力随基底温度和退火温度的增加，先是压应力逐渐减小，然后又呈现出低张应力逐渐增加。这一变化主要是由于随退火温度和基底温度进

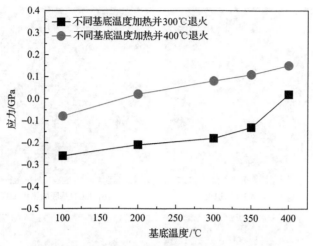

图 8.15 钼薄膜中应力随基底和退火温度的变化

一步增加，钼薄膜中由式(8.5)计算的热应力逐渐增加，而热应力为张应力。同时随着基底和退火温度的增加，钼薄膜中的钼粒子具有更高的能量，其表面迁移力和扩散力增加，可以更加充分地填充微孔或空位，再加上经过二次生长和重排，使更多的钼粒子达到了自己的平衡位置，钼薄膜的结晶性更好、晶粒生长更大更均匀以及空隙、空洞等缺陷更少，将错配原子调整到一个更平衡的状态，从而在一定程度上进一步缓解了压应力。所以钼薄膜随退火温度的增加，先呈现出低压应力减小，然后变成低的张应力逐渐增加，钼薄膜和基底之间的黏结性很好，但有轻微下降趋势。

8.4.3 钼薄膜的表面形貌

图 8.16 显示基底加热+退火处理钼薄膜的 SEM 图像，从图中可以看出随基底和退火温度增加，钼薄膜的晶粒尺寸增大，所有薄膜都是由三角形纳米颗粒组成。在 300℃和 400℃退火处理后，不同基底温度沉积钼薄膜的均方根表面粗糙度分别从 4.30nm 增加到 5.60nm、4.90nm 增加到 6.24nm(表 8.7)。与前面分析类似，在较高温度，钼薄膜中纳米颗粒吸收更多的能量，从而导致更强的表面迁移力和扩散力。因此，它们有更多机会在粒子周围合并生长，从而形成更大的纳米颗粒。另外，对于在相同基底温度制备的钼薄膜，400℃退火后晶粒尺寸大于 300℃退火后晶粒尺寸，其原因是 400℃退火温度钼粒子吸收能量大于 300℃退火温度钼粒子的能量，因此，在较高退火温度制备钼薄膜的均方根粗糙度较大。

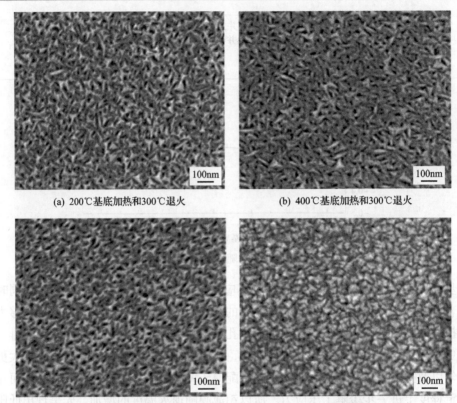

(a) 200℃基底加热和300℃退火　　　　　　　(b) 400℃基底加热和300℃退火

(c) 200℃基底加热和400℃退火　　　　　　　(d) 400℃基底加热和400℃退火

图 8.16　不同基底加热+退火处理制备钼薄膜的 SEM 图像

表 8.7　原位基底加热+后退火处理钼薄膜的电阻率、晶粒尺寸、
霍尔迁移率、载流子浓度和均方根粗糙度

试样编号	晶粒尺寸/ nm	电阻率/ $(10^{-5}\Omega \cdot cm)$	霍尔迁移率/ $[cm^2/(V \cdot s)]$	载流子浓度/ $10^{22}cm^{-3}$	均方根粗糙度/ nm
C-1	35.1	2.35	10.22	14.03	4.30
C-2	37.7	2.01	11.12	14.85	4.85
C-3	42.6	1.86	11.35	15.32	5.26
C-4	44.7	1.66	11.98	16.02	5.48
C-5	46.1	1.52	12.36	17.29	5.60
D-1	38.8	1.99	10.54	15.02	4.90
D-2	44.3	1.72	11.36	15.58	5.46
D-3	45.6	1.58	12.65	16.95	5.52
D-4	47.8	1.49	12.88	17.78	6.01
D-5	48.5	1.36	13.62	17.82	6.24

8.4.4　钼薄膜的电学性能

图 8.17 显示不同原位基底温度和后退火温度制备钼薄膜的微应变和位错密度以及载流子浓度和电阻率之间的关系。从图可以看出，随退火和基底温度的增加，薄膜的微应变和位错密度都逐渐减小，电阻率由 $2.35 \times 10^{-5} \Omega \cdot cm$ 减小到了 $1.36 \times 10^{-5} \Omega \cdot cm$，载流子浓度由 $14.03 \times 10^{22} cm^{-3}$ 增加到 $17.82 \times 10^{22} cm^{-3}$。产生这个结果的原因与前面分析类似，由于决定金属薄膜电阻率参数的电子传导机理最终取决于晶界、位错、杂质、微应变和点缺陷等结构缺陷引起的电子散射过程[9]。由 Fuchs 和 Sondheimer 的导电模型，以及 Mayadaz 和 Shatzkes 的各向同性电子散射机理[14-16]，可以通过式(8.9)~式(8.11)推出，钼薄膜电阻率的大小与晶粒尺寸有关，增加晶粒尺寸会减小钼薄膜电阻率，与这里结果一致，随着基底和退火温度增加，晶粒尺寸逐渐增加，电阻率逐渐减小(图 8.17 和表 8.7)。

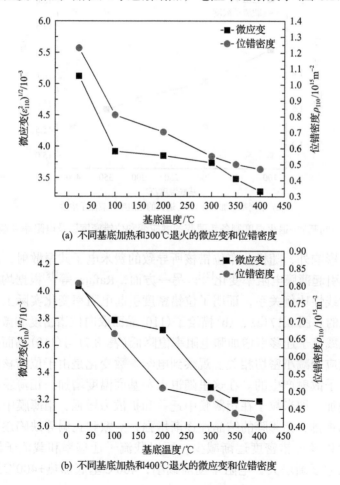

(a) 不同基底加热和300℃退火的微应变和位错密度

(b) 不同基底加热和400℃退火的微应变和位错密度

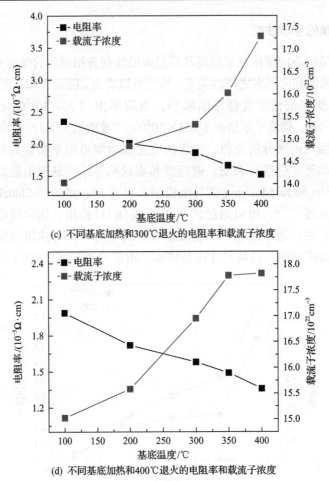

(c) 不同基底加热和300℃退火的电阻率和载流子浓度

(d) 不同基底加热和400℃退火的电阻率和载流子浓度

图 8.17　不同基底+退火温度制备钼薄膜的微应变和位错密度以及电阻率和载流子浓度

除晶粒尺寸影响外，随机分布位错核所导致的费米电子共振散射，通过限制载流子迁移率引起薄膜电阻率变化[21]。另一方面，Rafaja 等[18]根据均方微应变与位错密度的线性比例关系，证明了位错密度引起电阻率变化实际上也是由均方微应变引起的。图 8.17(a)、(b)描绘了(110)晶面取向位错密度和微应变之间的变化。发现载流子迁移率增加和电阻率值降低(表 8.7)与(110)晶面择优取向位错密度和微应变减小密切相关。观察到电学参数变化是由于位错核的附近应变场引起的电子散射产生的。在这里随退火和基底温度增加，钼薄膜中粒子吸收能量逐渐增加，纳米粒子在钼薄膜中迁移和扩散力增强，钼薄膜中晶粒经历了再次生长和重排，钼薄膜的结晶性逐渐增强，空隙和孔洞等缺陷逐渐减少，位错和微应变以及位错密度逐渐减少，所以载流子迁移率和载流子浓度逐渐增加，晶粒尺寸逐渐增大，电阻率逐渐减小，400℃基底加热+400℃退火温度的钼薄膜具有最大的晶粒尺寸、晶界散射最少、微应变以及位错密度最小,所以电阻率最低为 $1.36 \times 10^{-5} \Omega \cdot cm$,导电性能比原室温溅射的钼薄膜提高了 61.1%。

8.4.5　钼薄膜的光学性能

图 8.18 显示不同原位基底温度和后退火温度制备钼薄膜的反射率。在较高基底温度和退火温度的钼薄膜具有较高的反射率。随基底温度和退火温度的增加,反射率逐渐增加。经 400℃ 基底加热和 400℃ 退火的钼薄膜,反射率达到最大值。反射率的急剧增加主要归因于钼薄膜致密度和晶粒尺寸的增加,它导致光散射减少。研究结果表明,在不同基底温度和退火温度制备钼薄膜的晶粒尺寸从 35.1nm 增加到 48.5nm,在较高基底温度和退火温度下,钼薄膜的结构比在较低基底温度和退火温度的更加均匀致密。这是因为较高的退火温度和基底温度可以为钼粒子提供足够多的能量,增强其表面迁移力,促进晶粒生长和成核,从而促进了钼薄膜晶粒的重排和薄膜光学性能的提高。随着钼薄膜中晶粒的长大,晶体表面能释放,薄膜中缺陷也相应减少。同时,随着基底温度和退火温度增加,晶粒尺寸逐渐增加,薄膜表面积相应减小,从而降低了薄膜应力。因此,较高基底温度和退火温度,可以提高薄膜晶粒尺寸,降低薄膜应力,从而提高其反射率[20]。

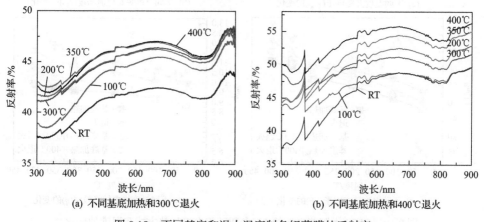

(a) 不同基底加热和300℃退火　　　　　(b) 不同基底加热和400℃退火

图 8.18　不同基底和退火温度制备钼薄膜的反射率

8.5　不同加热方式和温度对 CIGS 太阳能电池的影响

在以不同的加热方式和温度制备的钼电极上制备了具有 SLG/Mo/CIGS/CdS/i-ZnO/n-ITO/Al 栅格结构的 CIGS 薄膜太阳能电池。图 8.19 显示电流-电压 (I-V)参数与钼电极加热方式和温度的关系。结果表明,不同加热模式,CIGS 薄膜太阳电池的开路电压(V_{OC})随温度增加而增加[图 8.19(a)]。随钼电极基底温度和退火温度的增加，CIGS 薄膜太阳电池的填充因子(FF)逐渐增加。主要来源于光吸收的 CIGS 太阳能电池短路电流密度(J_{SC})，随钼电极基底温度和退火温度增加而增加。CIGS 太阳能电池光电转换效率在 8.9%～12.8%范围内变化。此外，在 400℃基底加热和 400℃退火处理的钼薄膜表现出优良的综合性能：电阻率达到了 $1.36 \times 10^{-5} \Omega \cdot cm$，反射率也在 50%以上。以这种优化的钼薄膜为电极，CIGS 太阳能电池光电转换效率高达 12.8%，比用室温制备的钼薄膜为电极制备的太阳能电池效率提高了 43.8%。

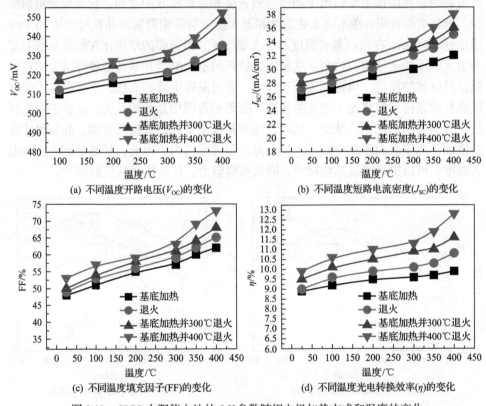

图 8.19　CIGS 太阳能电池的 *I-V* 参数随钼电极加热方式和温度的变化

参 考 文 献

[1] Zhao H L, Cho E S, Sang J K. Molybdenum thin film deposited by in-line DC magnetron sputtering as a back contact for Cu(In,Ga)Se₂ solar cells[J]. Applied Surface Science, 2011, 257: 9682-9688.

[2] Zhou D, Zhu H, Liang X, et al. Sputtered molybdenum thin films and the application in CIGS solar cells[J]. Applied Surface Science, 2015, 362: 202-209.

[3] Huang P C, Sung C C, Chen J H, et al. The optimization of a Mo bilayer and its application in Cu(In, Ga)Se₂ solar cells[J]. Applied Surface Science, 2017, 425: 24-31.

[4] Pethe S A, Takahashi E, Kaul A, et al. Effect of sputtering process parameters on film properties of molybdenum back contact[J]. Solar Energy Materials & Solar Cells, 2012, 100: 1-5.

[5] Phuan Y W, Chong M N, Zhu T, et al. Effects of annealing temperature on the physicochemical, optical and photoelectrochemical properties of nanostructured hematite thin films prepared via electrodeposition method[J]. Materials Research Bulletin, 2015, 69: 71-77.

[6] Suo Z G, Hutchinson J W. Interface crack between two elastic layers[J]. International Journal of Fracture, 1990, 43: 1-18.

[7] Volinsky A A, Moody N R, Gerberich W W. Interfacial toughness measurements for thin films on substrates[J]. Acta Materialia, 2002, 50: 441-466.

[8] D'Heurle F M. Aluminum films deposited by RF sputtering[J]. Metallurgical Transactions, 1970, 1: 725-727.

[9] Thornton J A, Hoffman D W. Stress-related effects in thin films[J]. Thin Solid Films, 1989, 171: 5-31.

[10] Vink T J, Somers M A J, Daams J L, et al. Stress, strain, and microstructure of sputter-deposited Mo thin films[J]. Journal of Applied Physics, 1991, 70: 4300, 4301.

[11] Bardin T T, Pronkoz J G, Budhani R C, et al. The effects of oxygen concentration in sputter-deposited molybdenum films[J]. Thin Solid Films, 1988, 165: 243-247.

[12] Chelvanathan P, Zakaria Z, Yusoff Y, et al. Annealing effect in structural and electrical properties of sputtered Mo thin film[J]. Applied Surface Science, 2015, 334: 129-137.

[13] Postorino S, Grassano D, D'Alessandro M, et al. Strain-induced effects on the electronic properties of 2D materials[J]. Nanomaterials and Nanotechnology, 2019, 10: 1-11.

[14] Warkusz F. The size effect and the temperature coefficient of resistance in thin films[J]. Journal of Physics D: Applied Physics, 2001, 11: 689.

[15] Sondheimer E H. The mean free path of electrons in metals[J]. Advances in Physics, 2001, 50: 499-537.

[16] Mayadas A F, Shatzkes M. Electrical-resistivity model for polycrystalline films: The case of arbitrary reflection at external surfaces[J]. Physical Review B, 1970, 1: 1382-1389.

[17] Brown. Electrical resistivity of dislocations in metals[J]. Journal of Physics F Metal Physics, 1977, 7: 1283-1295.

[18] Rafaja D, Köstenbauer H, Mühle U, et al. Effect of the deposition process and substrate temperature on the microstructure defects and electrical conductivity of molybdenum thin films[J]. Thin Solid Films, 2013, 528: 42-48.

[19] Poncelet O, Kotipalli R, Vermang B, et al. Optimisation of rear reflectance in ultra-thin CIGS solar cells towards > 20% efficiency[J]. Solar Energy, 2017, 146: 443-452.

[20] Xu Y J, Cai Q W, Yang X X, et al. Preparation of novel SiO_2 protected Ag thin films with high reflectivity by magnetron sputtering for solar front reflectors[J]. Solar Energy Materials & Solar Cells, 2012, 107: 316-321.

[21] Brown R A. Electrical resistivity of dislocations in metals[J]. Journal of Physics F Metal Physics, 2001, 7: 1283.

第9章 双层钼薄膜与溅射模式

通常情况，对于单层钼薄膜，在较低溅射气压制备时电阻率较低，导电性好，但其与基底之间的黏结性较弱。而在高溅射气压下制备的薄膜和基底间的黏结性很强，但是电阻率会增加，有时候甚至会增加一个数量级，导电性较差[1]。研究表明，小于 2mTorr 或者大于 20mTorr 的钼薄膜产生压应力，容易从玻璃基底上脱落[2]。而为确保钼电极与吸收层之间的低接触电阻，降低钼薄膜的电阻率也非常重要。所以制备薄膜时必须在保持良好黏结性的前提下，竭力降低钼薄膜的电阻率，提高其导电性。而单层钼薄膜很难同时兼具较低的电阻率和良好的粘接性。虽然通过热处理也能够提高钼薄膜的光电性能，但增加了工序，提高了制备成本，且随温度的增加粘接性也有减小的趋势。为制备出与玻璃基底结合良好并且电阻率更低的钼薄膜，制备了双层结构的薄膜，其初始层在高溅射气压下沉积，可以保证钼薄膜和基底之间良好的粘接性，然后在低溅射气压下沉积顶层，获得良好的导电性。关于双层结构的钼薄膜，有科研工作者研究了工艺参数对用射频/射频 (RF/RF) 和直流/直流 (DC/DC) 磁控溅射法制备双层钼薄膜结构和性能的影响，如 Badgujar 等[3]研究了溅射功率和氩气流速对 DC/DC 磁控溅射法制备双层钼薄膜结构和性能的影响。结果表明，在较高溅射功率和较低氩气流量沉积的双层钼薄膜，具有较好结晶性、较高反射率和良好导电性；Nwakanma 等[4]研究功率、压强及靶基距对制备双层钼薄膜结构和性能的影响。大量实验证明，制备双层钼薄膜的工艺参数会影响所制备双层钼薄膜的残余应力、电阻率、光学反射率以及与玻璃基底间的粘接性[5-10]。因此，对双层钼薄膜结构和性能进行优化，从而达到提高太阳能电池效率的目的是非常有必要的。

然而，可以看出上述关于双层钼薄膜的研究主要侧重于粘接性和导电性之间的平衡，而对于导电性、反射率及粘接性三者之间的平衡研究较少[11,12]。实际上，钼背电极反射率对 CIGS、CZTS 等薄膜太阳能电池也非常重要，因为优化太阳能电池背反射可以为非吸收光子提供第二次被活性电池层捕获的机会。因此，较高反射率可以提高太阳能电池的效率[13]。此外，在这些文献中，底层厚度往往是随机的，总厚度也是不定的[14,15]。众所周知，在双层或多层薄膜中，随底层厚度改变，薄膜微观结构与性能也会发生变化[16]。因此，改变底层厚度与总厚度之间的比率(简称厚度比)将对双层钼薄膜光电等性能产生影响。然而，厚度比对钼薄膜光电性能的影响鲜有被系统地研究过。另外双层钼薄膜用 RF/DC 方式制备的也较少，所以本章将从不同厚度比的结构匹配以及 DC/DC 和 RF/DC 两种不同溅射模式上研究其对双层钼薄膜结构和光电性能的影响。

9.1 双层钼薄膜的制备

首先采用 DC/DC 和 RF/DC 两种方式在 SLG 基底上溅射总厚度为 600nm 的双层钼薄膜，具体来说，就是在高压下分别采用 DC 和 RF 模式制备不同厚度的底层钼薄膜，主要是为了获得底层良好的粘接性(采用 RF 模式除了获得良好的黏结性以外，还可以获得良好的光学反射率)，然后，为获得更好的导电性，在较低溅射气压下以 DC 模式制备顶层钼薄膜。最后对溅射方式和厚度比对双层钼薄膜微结构和光电性能的影响进行系统研究。具体溅射的工艺参数和条件在表 9.1 中列出。

表 9.1 双层钼薄膜的溅射参数和条件

试样编号	溅射模式(底层/顶层)	底层气压/Pa	底层厚度/nm	底层功率/W	顶层气压/Pa	顶层厚度/nm	顶层功率/W	厚度比
1	DC/DC	1.0	60	100	0.3	540	100	10%
2	DC/DC	1.0	120	100	0.3	480	100	20%
3	DC/DC	1.0	180	100	0.3	420	100	30%
4	DC/DC	1.0	240	100	0.3	360	100	40%
5	DC/DC	1.0	300	100	0.3	300	100	50%
6	RF/DC	1.0	60	120	0.3	540	100	10%
7	RF/DC	1.0	120	120	0.3	480	100	20%
8	RF/DC	1.0	180	120	0.3	420	100	30%
9	RF/DC	1.0	240	120	0.3	360	100	40%
10	RF/DC	1.0	300	120	0.3	300	100	50%

9.2 厚度比对 DC/DC 制备双层钼薄膜的影响

9.2.1 双层钼薄膜的晶体结构

图 9.1 显示以 DC/DC 模式制备具有不同底层厚度与总厚度之比(简称厚度比)的双层钼薄膜的 XRD 图谱。从图 9.1 可以看出，所有薄膜都表现出沿(110)晶面择优取向生长，这是 bcc 结构薄膜的典型生长特点。这是由于 bcc 结构材料的(110)晶面通常具有最低表面能，它倾向于优先生长[17]。对于这种溅射模式，随钼薄膜厚度比增加，(110)衍射峰强度逐渐减弱。这表明钼薄膜结晶度与双层钼薄膜厚度

比成反比，随厚度比增加，双层钼薄膜结晶性减弱。具有不同厚度比双层钼薄膜的晶粒尺寸、霍尔迁移率、载流子浓度和粗糙度变化如表 9.2 所示。结果表明，当厚度比从 10%增加到 50%时，晶粒尺寸逐渐减小，这主要是由于随厚度比增加，具有较高能量的钼原子数逐渐减少的缘故。在溅射过程中，溅射气压与沉积原子的能量密切相关，在较高溅射气压下，增加了钼原子与氩离子的碰撞次数，从而导致钼原子沉积到基地上时动能较低。而在较低的溅射气压下沉积时，钼原子与氩离子的碰撞次数减少，所以钼原子沉积到基底上时，具有较高的动能，使粒子迁移和扩散力增加，促进了它们在基体上的形核和生长[18]。因此，当钼薄膜的厚度保持不变时，随厚度比增加，溅射出具有较高能量的钼原子数量减少，整个钼薄膜中大部分原子表面迁移和扩散力降低，使晶粒的成核和生长能力减弱。所以，随厚度比增加，双层钼薄膜晶粒尺寸逐渐减小，结晶性逐渐减弱。

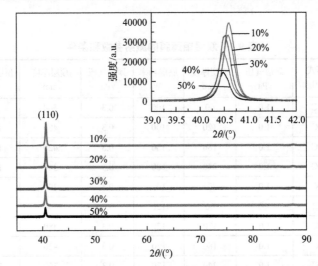

图 9.1　以 DC/DC 模式制备不同厚度比双层钼薄膜的 XRD 图谱

插图显示了(110)衍射峰值的详细信息

表 9.2　以 DC/DC 模式制备不同厚度比双层钼薄膜(110)晶面的晶粒尺寸、霍尔迁移率、载流子浓度和均方根粗糙度

试样编号	底层厚度比	模式(底层/顶层)	晶粒尺寸/nm	电阻率/($10^{-5}\Omega \cdot cm$)	霍尔迁移率/[$cm^2/(V \cdot s)$]	载流子浓度/$10^{22}cm^{-3}$	均方根粗糙度/nm
1	10%	DC/DC	44.6	2.522	12.53	16.96	5.36
2	20%	DC/DC	37.7	2.872	11.82	15.88	5.03
3	30%	DC/DC	37.0	3.168	11.02	15.26	4.82
4	40%	DC/DC	36.4	3.246	10.08	15.02	3.85
5	50%	DC/DC	35.6	3.458	9.52	14.82	2.62

9.2.2　双层钼薄膜的应力和黏结性

对于具有相同厚度的双层薄膜，复合应力强度因子 K[19]可以用来描述这种情况下的界面韧性。在只考虑热应力的情况下，对双层膜的载荷和弯矩 K 进行了修正。如图 9.2 所示，双层薄膜结构中存在内应力 σ_1 和 σ_2。双层膜的荷载为 $P'=\sigma_1+\sigma_2$。弯矩 M_1 和 M_2 表示为

$$\begin{cases} M_1 = \sigma_1\left(\varsigma' - \dfrac{h_1}{2}\right) \\[2mm] M_2 = \sigma_2\left(h_1 - \varsigma' + \dfrac{h_2}{2}\right) \\[2mm] M' = M_1 + M_2 \end{cases} \tag{9.1}$$

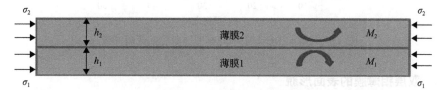

图 9.2　双层薄膜示意图

式中，双层薄膜结构的中性层 ς' 可以由式 (8.7) 得到。最后，优化后的 K 可以表示为

$$K^2 = \frac{c_2\cosh^2\pi\varepsilon}{c_1+c_2}\left[\frac{(\sigma_1+\sigma_2)^2}{Ah_2} + \frac{(M_1+M_2)^2}{Ih_2^{\,3}} + \frac{2(\sigma_1+\sigma_2)(M_1+M_2)\cos\omega}{\sqrt{AI}h_2^{\,2}}\right] \tag{9.2}$$

式中，$c_1 = 4(1-\nu_1)/G_1$，$c_2 = 4(1-\nu_2)/G_2$，ν_i 和 G_i $(i=1,2)$ 分别是薄膜的泊松比和剪切模量；ε 是一个材料常数，仅取决于材料的固有特性。

在双层薄膜结构中，当薄膜材料选定时，复合应力强度因子主要取决于薄膜的厚度和内应力。因此，在薄膜厚度一定时，薄膜的应力主要由内应力决定。

用 DC/DC 制备不同厚度比双层钼薄膜的应力变化如图 9.3 所示。结果表明，薄膜的应力都是压应力，且随厚度比增加，压应力逐渐减小。压应力与沉积过程中入射的高能粒子撞击薄膜表面有关。薄膜表面的附着原子会被随后的入射粒子撞击，并通过敲击过程嵌入薄膜的亚表面，这也被称为原子喷丸效应[20]。这些错配原子将在与之接触的基体中产生一个应变场。当薄膜溅射气压较高时，钼原子和氩离子之间的碰撞次数增加，钼原子的平均自由程减小，所以沉积到基底上的钼原子动能减小，对薄膜的亚表面敲击较小，形成的应变较小，相应的缺陷较少，所以随厚度比增加，在高压溅射的钼薄膜厚度增加，相应钼薄膜中钼原子动能较

小的数量增加，相应钼薄膜中压应力逐渐减小，因此，压应力由 0.73GPa 逐渐减小到 0.63GPa。

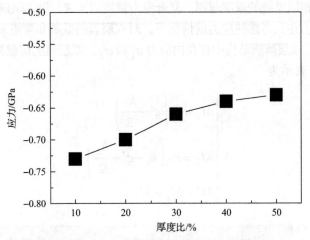

图 9.3　用 DC/DC 制备不同厚度比双层钼薄膜的应力

9.2.3　双层钼薄膜的表面形貌

图 9.4 显示以 DC/DC 制备不同厚度比双层钼薄膜的表面形貌。如图 9.4(a)～(e) 所示，所有薄膜均由尺寸分布均匀的细长纺锤状颗粒组成。随厚度比增加，钼薄膜颗粒尺寸略有减小。此外，随厚度比减小，钼薄膜表面变得较粗糙，可以用 AFM 来表征，均方根粗糙度如表 9.2 所示。由表 9.2 可以看出，当厚度比从 10% 增加到 50% 时，其均方根粗糙度从 5.36nm 逐渐减小到 2.62nm，这可以归因于随厚度比增加，动能较高粒子数减少，溅射粒子动能减少，晶粒生长和成核较慢，所以晶粒尺寸就减小。研究发现，由于晶粒峰高与基高之间差异较小，对于较小的晶粒簇，可以获得较低的表面粗糙度[21]。这里制备的所有双层钼薄膜

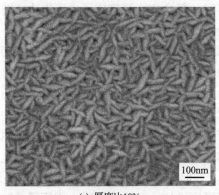

(a) 厚度比10%

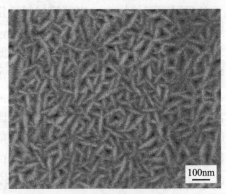

(b) 厚度比20%

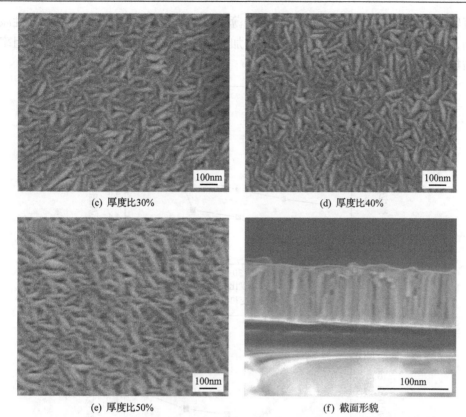

(c) 厚度比30%　　　　　　　　　(d) 厚度比40%

(e) 厚度比50%　　　　　　　　　(f) 截面形貌

图 9.4　以 DC/DC 模式制备双层钼薄膜的 SEM 图像

的截面形貌与图 9.4(f)类似,膜厚约为 600nm,晶粒呈现柱状晶生长,这是钼薄膜的常见结构[22,23]。

9.2.4　双层钼薄膜的电学性能

图 9.5 给出了用 DC/DC 制备不同厚度比双层钼薄膜(110)晶面的微应变和位错密度以及电阻率和载流子浓度之间的关系。很明显可以看出,随厚度比增加,薄膜的微应变和位错密度逐渐增加,电阻率从 $2.5 \times 10^{-5}\Omega \cdot cm$ 增加到 $3.5 \times 10^{-5}\Omega \cdot cm$,载流子浓度从 $16.96 \times 10^{22} cm^{-3}$ 减小到了 $14.82 \times 10^{22} cm^{-3}$。此外,由表 9.2 也可以看出,随厚度比增加,载流子迁移率降低,晶粒尺寸逐渐减小。从式(8.9)~式(8.11)可以推出,减小晶粒尺寸会增加薄膜电阻率,与这里的结果一致(图 9.5 和表 9.2)。图 9.5(a)描绘了(110)晶面取向位错密度和微应变之间的变化。发现载流子迁移率降低和电阻率值增加(表 9.2)与(110)晶面择优取向位错密度和微应变的增加密切相关。钼薄膜电阻率增加是由于位错核附近应变场引起的电子散射产生的。在这里随着厚度比增加,在较高气压下制备钼薄膜的厚度就会增加,具

有较低能量的粒子数就会增加。所以钼薄膜中粒子迁移和扩散力减小，结晶性减弱，晶粒减小，晶界散射增加，缺陷增加，微应变和位错密度增加，所以电阻率增加。

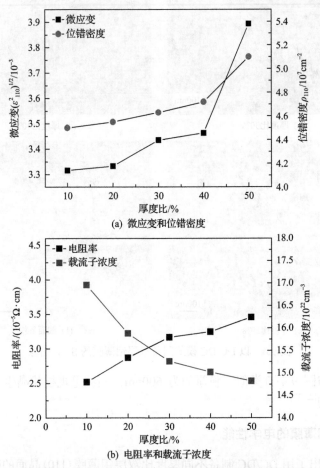

(a) 微应变和位错密度

(b) 电阻率和载流子浓度

图 9.5 以 DC/DC 模式沉积不同厚度比钼双层薄膜的属性

9.2.5 双层钼薄膜的光学性能

双层钼薄膜的反射率是影响太阳能电池效率各因素中的一个至关重要的部分。最大化双层钼薄膜光反射允许更多光子被吸收，对于亚微米 CIGS 吸收层尤其如此[24]。图 9.6 显示以 DC/DC 制备不同厚度比双层钼薄膜的反射率。由图 9.6 可以看出，当厚度比小于 40% 时，底层厚度比越大，双层钼薄膜的反射率就越高。反射率随厚度比增加而增大，在 40% 时达到最大值，然后，随厚度比进一步增加，反射率反而减小。这一变化是由于随厚度比增加，钼薄膜表面粗糙度降低导致光散射减小。如表 9.2 所示，当厚度比增加时，表面粗糙度减小。粗糙度降低可以减少垂直于表面反射光的数量。当厚度比从 10%增加到 40%时，反射率完全遵循这一规律。然而，反射率在 50%时突然下降，意味着钼薄膜的微观结构发生了变化，导致了更高的光散射。当底层厚度比为 50%时，显微组织的显著变化与晶界空隙形成有关。更多空隙会产生更高的光散射，如图 9.4(e)所示。Drüsedau 等[18]对钼薄膜的 TEM 研究已经观察到晶界处多孔结构的演变，其中在 4.7Pa 高压制备的钼薄膜显示出相当大的比例，柱间空隙达 10nm，而低压 0.45Pa 沉积的柱间空隙密度较高。当整个薄膜厚度不变时，增加底层厚度比会导致在较高气压制备的钼薄膜厚度增加，从而导致气孔率增大。这些结果表明，光学反射对空隙的形成非常敏感，这是厚度比为 50%时微观结构变化的特征，但对晶粒尺寸变化敏感度较低。相反，当厚度比在 10%～40%时，光学反射对晶粒尺寸非常敏感，但对空隙形成的变化不太敏感。这与 Yoon 等[25]的研究结果一致。

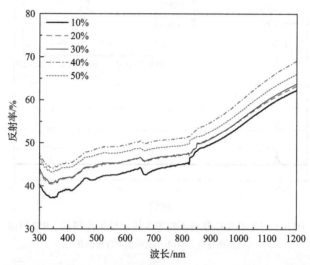

图 9.6　以 DC/DC 模式制备不同厚度比双层钼薄膜的反射率

9.3　厚度比对 RF/DC 制备双层钼薄膜的影响

9.3.1　双层钼薄膜的晶体结构

图 9.7 显示以 RF/DC 制备不同厚度比双层钼薄膜的 XRD 图谱。从图谱可以看出，所有薄膜结构都与 DC/DC 模式制备的双层钼薄膜类似，因为 bcc 结构(110)晶面具有最低的表面能，所以表现出沿密排面(110)面择优取向生长。对于这种模式，随厚度比增加，(110)衍射峰强度减小，表明双层钼薄膜结晶度随着厚度比增

加, 逐渐减弱, 只是比同样条件下 DC/DC 模式制备双层钼薄膜的结晶性稍微弱一点。这主要是因为在同样条件下, 射频溅射的粒子能量要小一些, 所以晶粒成核和生长就没有同样条件下直流好[24]。它们的晶粒尺寸、霍尔迁移率、载流子浓度和粗糙度变化见表 9.3。与 DC/DC 模式类似, 随厚度比增加, 有较高能量溅射的原子数逐渐减少, 整个双层钼薄膜中原子的表面迁移力和扩散力也相应降低, 晶粒尺寸逐渐减小, 结晶度降低。此外, 在相同厚度比时, RF/DC 模式沉积的双层钼薄膜晶粒尺寸小于 DC/DC 模式沉积的。这可归因于在相同条件下, 射频溅射钼薄膜时溅射速率较低, 温升较低, 传给基底能量较少, 因此, 晶粒的迁移和扩散力减弱, 成核和生长能力较弱。因此, 晶粒尺寸较小, 表面更平整。

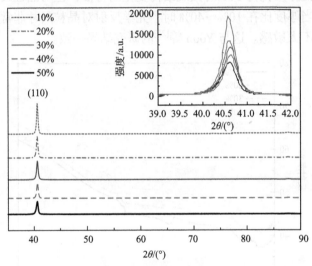

图 9.7　以 RF/DC 制备不同厚度比双层钼薄膜的 XRD 图谱

插图显示了 (110) 衍射峰值的详细信息

表 9.3　以 RF/DC 制备不同厚度比双层钼薄膜 (110) 晶面的晶粒尺寸、
电阻率、霍尔迁移率、载流子浓度和均方根粗糙度

试样编号	底层厚度比	溅射模式(底层/顶层)	晶粒尺寸/nm	电阻率/($10^{-5}\Omega\cdot cm$)	霍尔迁移率/[$cm^2/(V\cdot s)$]	载流子浓度/$10^{22}cm^{-3}$	均方根粗糙度/nm
6	10%	RF/DC	34.9	2.651	11.28	15.40	4.85
7	20%	RF/DC	31.0	2.983	10.63	14.29	4.50
8	30%	RF/DC	30.6	3.204	10.23	13.70	4.31
9	40%	RF/DC	29.3	3.365	9.10	13.63	3.08
10	50%	RF/DC	26.0	3.802	8.61	13.41	2.36

9.3.2　双层钼薄膜的应力和黏结性

用 RF/DC 制备不同厚度比双层钼薄膜的应力变化如图 9.8 所示。由图 9.8 可以看出,不同厚度比的薄膜应力都是压应力,并且随厚度比增加,压应力由 0.64GPa 逐渐减小到 0.50GPa,并且所有双层钼薄膜都通过了黏结性测试。同样厚度比的双层钼薄膜,用 RF/DC 溅射比 DC/DC 溅射双层钼薄膜应力要小一些,所以黏结性更好。应力变化与双层钼薄膜微结构的变化密切相关,这主要是因为在同样的气压下,直流溅射的沉积速率大,许多晶粒来不及运动到自己的平衡位置,所以缺陷较多;而射频的沉积速率小,钼粒子能够有较长的时间用来成核和生长,能够较好地达到自己的平衡位置,所以缺陷较少,应变较小,相应的应力就小。以 RF/DC 制备的双层钼薄膜,随底层厚度比增加,在射频高压溅射产生的钼粒子数逐渐增加,即溅射双层钼薄膜中能量较低的粒子数增加,所以沉积到基底上的钼粒子对薄膜的亚表面敲击较小,形成的应变较小,相应的缺陷较少,所以随厚度比增加,在高压溅射的钼薄膜厚度增加,相应钼薄膜中钼粒子动能较小的数量增加,相应钼薄膜中的压应力逐渐减小。

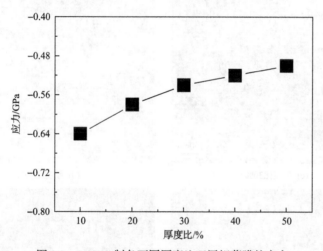

图 9.8　RF/DC 制备不同厚度比双层钼薄膜的应力

9.3.3　双层钼薄膜的表面形貌

图 9.9 显示以 RF/DC 制备不同厚度比双层钼薄膜的 SEM 图像,从图 9.9 中可以看出与以 DC/DC 制备双层钼薄膜类似的结果。薄膜由细长的纺锤状颗粒组成,随厚度比增加,双层钼薄膜颗粒尺寸略有减小。当厚度比从 10% 增加到 50% 时,以 RF/DC 制备的双层钼薄膜均方根粗糙度从 4.85nm 降低到 2.36nm(表 9.3),具有较低厚度比双层钼薄膜表面粗糙度较高,并且具有同样厚度比时用 RF/DC 制备

的双层钼薄膜具有较小且均匀的颗粒，粗糙度更低。因为同样条件下射频模式溅射的钼原子能量低于直流模式，晶粒成核和生长较直流模式弱一些。因此，薄膜颗粒尺寸小于 DC/DC 模式的[22]。对于厚度比为 50%的双层钼薄膜，由于低能量钼原子数较多，双层钼薄膜空隙和孔洞数明显增加，如图 9.9(e)所示。以 RF/DC

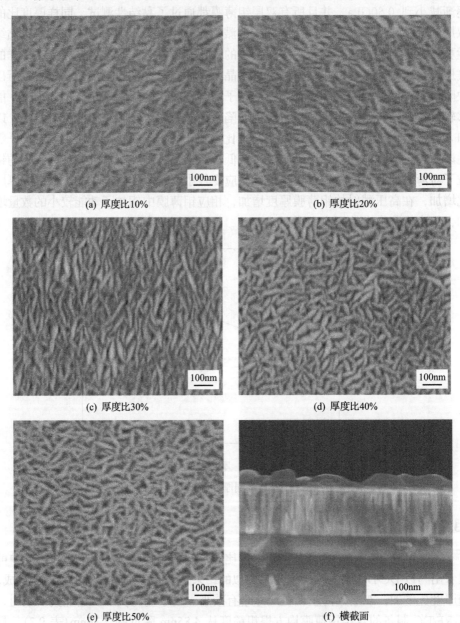

(a) 厚度比10%

(b) 厚度比20%

(c) 厚度比30%

(d) 厚度比40%

(e) 厚度比50%

(f) 横截面

图 9.9　以 RF/DC 制备不同厚度比双层钼薄膜的 SEM 图像

制备的双层钼薄膜横截面如图 9.9(f) 所示，它显示出对钠离子扩散有利的柱状结构，并且明显比 DC/DC 模式制备的双层钼薄膜柱子要细一些，与上面的分析类似，主要是由于射频溅射时粒子的能量较低，成核和生长较慢形成的。

9.3.4　双层钼薄膜的电学性能

图 9.10 给出了以 RF/DC 制备不同厚度比双层钼薄膜 (110) 晶面的微应变和位错密度以及电阻率和载流子浓度之间的关系。很明显可以看出，随厚度比增加，薄膜微应变和位错密度逐渐增加，电阻率从 $2.65 \times 10^{-5} \Omega \cdot cm$ 增加 $3.80 \times 10^{-5} \Omega \cdot cm$，载流子浓度从 $15.40 \times 10^{22} cm^{-3}$ 减小到了 $13.41 \times 10^{22} cm^{-3}$，并且比同样条件以 DC/DC 制备双层钼薄膜的载流子浓度更低，电阻率更大。此外，由表 9.3 也可以看出，随厚度比增加，载流子迁移率降低，晶粒尺寸逐渐减小。从式 (9.1)～式 (9.11) 可以推出，减小晶粒尺寸会增加薄膜电阻率，与这里的结果一致 (图 9.10 和表 9.3)。

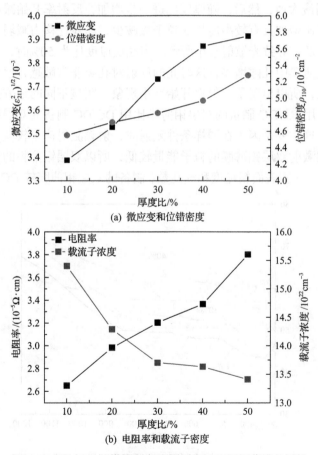

(a) 微应变和位错密度

(b) 电阻率和载流子密度

图 9.10　以 RF/DC 模式制备不同厚度比双层钼薄膜的属性

图 9.10(a)描绘了(110)晶面取向位错密度和微应变之间的变化。发现载流子迁移率降低和电阻率值增加(表 9.3)与(110)晶面择优取向位错密度和微应变增加密切相关。在这里，随厚度比增加，在较高气压制备双层钼薄膜中动能较小的粒子数就会增加，所以双层钼薄膜中粒子的迁移力和扩散力减弱，结晶性减弱，晶粒尺寸减小，晶界散射增加，缺陷增加，微应变和位错密度增加，所以电阻率增加。并且在射频溅射模式下，由 Rafaja 等的研究可知，在同样条件下，用 RF 模式制备钼薄膜中杂质含量会更高，应变会更大，缺陷更多[26]。所以在同样条件下，用 RF/DC 模式制备双层钼薄膜的微应变更大，载流子迁移率更低，电阻率更大。

9.3.5 双层钼薄膜的光学性能

图 9.11 为以 RF/DC 沉积不同厚度比双层钼薄膜的反射率。与以 DC/DC 制备不同厚度比双层钼薄膜反射率相同的地方是，都随底层厚度比增加，反射率增加，在 40%时达到最大值，然后，随厚度比进一步增加，反射率开始减小。这一变化主要是随厚度比增加具有较高能量的粒子数减少，晶粒迁移力减弱，晶粒成核较慢，粗糙度较低，导致光散射减小所致。当底层厚度比为 50%时，从图 9.9(e)可以看出双层钼薄膜中孔隙增多，这时光的反射对孔隙非常敏感，但对晶粒尺寸变化敏感度降低，所以出现了反射率开始减小现象。明显不同的地方是：在相同厚度比情况下，用 RF/DC 制备的双层钼薄膜比用 DC/DC 制备的双层钼薄膜具有更高的反射率。这主要是因为在同样条件溅射时，射频溅射速率较低，基底温升也低，并且射频溅射双层钼薄膜的粒子能量较低，所以双层钼薄膜的生长较慢较均匀，从而降低了薄膜表面粗糙度和气孔数，制备的双层钼薄膜较 DC/DC 模式制备

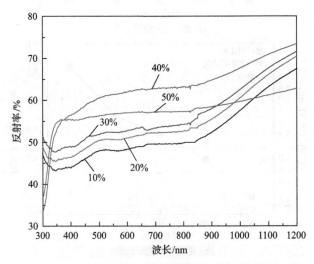

图 9.11　以 RF/DC 模式制备不同厚度比双层钼薄膜的反射率

的晶粒更小、更均匀致密、更利于光子反射。所以，同样条件下，用 RF/DC 模式制备双层钼薄膜比用 DC/DC 模式制备双层钼薄膜具有更高的反射率。

参 考 文 献

[1] Nicotra G, Ramasse Q M. Materials science in semiconductor processing[J]. Materials Science in Semiconductor Processing, 2017, 65: 1-8.

[2] Scofield J H, Duda A, Albin D, et al. Sputtered molybdenum bilayer back contact for copper indium diselenide-based polycrystalline thin-film solar cells[J]. Thin Solid Films, 1995, 260: 26-31.

[3] Badgujar A C, Dhage S R, Joshi S V. Process parameter impact on properties of sputtered large-area Mo bilayers for CIGS thin film solar cell applications[J]. Thin Solid Films, 2015, 589: 79-84.

[4] Nwakanma O, Reyes P, Velumani S. Electrical, structural, and topographical properties of direct current(DC) sputtered bilayer molybdenum thin films[J]. Journal of Materials Science Materials in Electronics, 2018, 29: 15671-15681.

[5] Khan M, Islam M. Deposition and characterization of molybdenum thin films using DC-plasma magnetron sputtering[J]. Semiconductors, 2013, 47: 1610-1615.

[6] Kwok C Y, Puzzer T, Lin K M, et al. DC magnetron-sputtered molybdenum thin films for micromechanical structures[J]. Proceedings of SPIE-The International Society for Optical Engineering, 1997, 3241: 143-150.

[7] Cho S H, Kim H J, Lee S H, et al. Investigation on properties of molybdenum thin films for CIGS solar cells[J]. Journal of Nanoelectronics & Optoelectronics, 2014, 9: 167-172.

[8] Faraj M G, Ibrahim K, Eisa M H, et al. Investigation on molybdenum thin films deposited by DC-sputtering on polyethylene terephthalate substrate[J]. International Journal of Polymeric Materials & Polymeric Biomaterials, 2010, 59: 622-627.

[9] Khatri H, Marsillac S. The effect of deposition parameters on radiofrequency sputtered molybdenum thin films[J]. Journal of Physics Condensed Matter, 2008, 20: 055206.

[10] Guo B, Wang Y, Zhu X, et al. Molybdenum thin films fabricated by rf and dc sputtering for Cu(In,Ga)Se$_2$ solar cell applications[J]. Chinese Optics Letters, 2016, 14: 043101.

[11] Salomé P M P, Malaquias J, Fernandes P A, et al. Mo bilayer for thin film photovoltaics revisited[J]. Journal of Physics D: Applied Physics, 2010, 43: 345501.

[12] Zhang Y, Yan Y, Li S, et al. Sputtering parameters and properties of Mo bilayer thin films[J]. Rare Metal Materials & Engineering, 2013, 42: 2107-2111.

[13] Zoppi G, Beattie N S, Major J D, et al. Electrical, morphological and structural properties of RF magnetron sputtered Mo thin films for application in thin film photovoltaic solar cells[J]. Journal of Materials Sciences, 2011, 46: 4913-4921.

[14] Chelvanathan P, Rahman K S, Hossain M I, et al. Growth of MoO$_x$ nanobelts from molybdenum bi-layer thin films for thin film solar cell application[J]. Thin Solid Films, 2017, 621: 240-246.

[15] Sreejith D, Karthikeyan G, Liyuan N, et al. Experimental scheme for a stable molybdenum bilayer back contacts for photovoltaic applications[J]. Applied Surface Science, 2018, 449: 647-653.

[16] Yukiko K, Shuuhei S, Manabu W, et al. Effects of Mo back contact thickness on the properties of CIGS solar cells[J]. Physica Status Solidi, 2009, 206: 1063-1066.

[17] Feng Y C, Laughlin D E, Lambeth D N. Formation of crystallographic texture in rf sputter-deposited Cr thin films[J]. Journal of Applied Physics, 1994, 76: 7311-7316.

[18] Drüsedau T P, Klabunde F, Veit P, et al. Investigations on microstructure, surface topography, and growth process of sputtered molybdenum showing texture turnover[J]. Physica Status Solidi, 1997, 161: 167-184.

[19] Volinsky A A, Moody N R, Gerberich W W. Interfacial toughness measurements for thin films on substrates[J]. Acta Materialia, 2002, 50: 441-466.

[20] D'Heurle F M. Aluminum films deposited by RF sputtering[J]. Metallurgical Transactions, 1970, 1: 725-727.

[21] Chelvanathan P, Zakaria Z, Yusoff Y, et al. Annealing effect in structural and electrical properties of sputtered Mo thin film[J]. Applied Surface Science, 2015, 334: 129-137.

[22] Huang Y, Gao S, Yong T, et al. The multi-functional stack design of a molybdenum back contact prepared by pulsed DC magnetron sputtering[J]. Thin Solid Films, 2016, 616: 820-827.

[23] Huang P C, Sung C C, Chen J H, et al. Effect of selenization and sulfurization on the structure and performance of CIGS solar cell[J]. Journal of Materials Science Materials in Electronics, 2018, 29: 1444-1450.

[24] Jubault M, Ribeaucourt L, Chassaing E, et al. Optimization of molybdenum thin films for electrodeposited CIGS solar cells[J]. Solar Energy Materials & Solar Cells, 2011, 95: 26-31.

[25] Yoon J H, Yoon K H, Kim J K, et al. Effect of the Mo back contact microstructure on the preferred orientation of CIGS thin films[C]. 35th IEEE Photovoltaic Specialists Conference, Honolulu, 2010.

[26] Rafaja D, Köstenbauer H, Mühle U, et al. Effect of the deposition process and substrate temperature on the microstructure defects and electrical conductivity of molybdenum thin films[J]. Thin Solid Films, 2013, 528: 42-48.

第10章 双层钼薄膜与底层气压和退火温度关系研究

为提高钼薄膜的光电性能，对单层钼薄膜在不同温度进行了不同方式的热处理。但对于单层钼薄膜来说，很难同时具有较低的电阻率和良好的黏结性[1-3]。为解决这一矛盾，制备了双层钼薄膜，关于双层钼薄膜，有科研工作者进行了相关研究[4-7]。Li 等[8]对单层和双层钼薄膜进行了比较，结果表明，双层钼薄膜的设计增强了钼薄膜的(110)晶面的择优取向，这对用于高效 CIGS 等薄膜太阳能电池背电极是非常有利的。Badgujar 等[9]研究了溅射功率和氩气流速对 DC/DC 法制备双层钼薄膜性能的影响，结果表明，在较高溅射功率和较低氩气流速制备的双层钼薄膜，具有较好结晶性、较高反射率和很好导电性。然而，研究工艺参数对 RF/DC 法制备双层钼薄膜性能影响的相对较少。通常，在相同溅射条件下，用 RF 法制备钼薄膜比用 DC 法制备钼薄膜具有更好的黏结性和更高的反射率，用 DC 法制备钼薄膜具有更好的导电性[10,11]。并且在实际应用中，钼背电极反射率对 CIGS、CZTS 以及其他薄膜太阳能电池都非常重要[12-17]，因为较高反射率可以进一步提高它们的光电转换效率[18-20]。第 9 章研究了不同厚度比对 DC/DC 和 RF/DC 模式制备双层钼薄膜结构和光电性能的影响。研究结果表明：采用相同溅射方式时，随底层厚度增加，钼薄膜黏结性明显增强，双层钼薄膜电阻率逐渐增加，但光学反射率却逐渐增强。而在同样厚度比条件下，采用 RF/DC 方式制备双层钼薄膜其电学性能虽略低于 DC/DC 方式，但其光学性能及结合性能较之后者明显更佳。因此，综合考虑用 RF/DC 方式制备，并且底层厚度较薄的双层钼薄膜性能最优。

在前面研究的基础上，本章采用 RF/DC 法制备双层钼薄膜，并且将底层钼薄膜厚度尽可能溅射的薄一点。为进一步调控双层钼薄膜的微观结构提高其光电性能，对双层钼薄膜的底层溅射气压进行了工艺优化，研究了底层溅射气压对双层钼薄膜结构和光电性能的调控。为更进一步提升双层钼薄膜光电性能，对优化出来的双层钼薄膜进行退火处理，研究其对双层钼薄膜微观结构和光电性能的调控，从而制备出性能更优的双层钼薄膜。用最终优化调控出来的双层钼薄膜为背电极制备 CIGS 太阳能电池。

10.1　样品的制备

具体的制备过程如下：底层采用 RF 方式制备，并且溅射功率设置为 120W，顶层采用 DC 方式制备，溅射功率设为 100W。为研究底层溅射气压对双层钼薄膜结构和光电性能的影响，将顶层溅射气压固定为 0.3Pa 不变，并在 0.4～1.2Pa 范围内改变底层溅射气压。相应气体流速在 17～73mL/min 范围内变化，基板保持室温不加热，靶基距为 8.00cm。一般来说，薄膜太阳能电池背电极厚度为 500～1000nm。为节约资源，提高结合力，将双层钼薄膜厚度设置为 500nm。所有双层钼薄膜制备过程中，底层和顶层厚度分别由石英晶体监测仪控制为100nm 和 400nm。为进一步调控双层钼薄膜的结构提高其光电性能，研究退火温度对双层钼薄膜结构和光电性能的影响，实验中对在 0.4Pa 的底层溅射气压和 0.3Pa 的顶层溅射气压下制备的双层钼薄膜，在管式炉中于 100～400℃温度各退火 30min。

10.2　底层气压对双层钼薄膜的影响

10.2.1　底层气压对微观组织的影响

图 10.1 显示了在不同底层溅射气压制备双层钼薄膜的 XRD 图谱。所有的双层钼薄膜都显示出(110)晶面择优取向生长，这是具有 bcc 结构钼薄膜的典型结构。这主要是由于 bcc 结构(110)晶面具有最低的表面能，所以在生长过程中总是倾向于优先生长。随着底层溅射气压的减小，薄膜(110)衍射峰强度逐渐增加。采用谢乐公式计算的(110)晶面的平均晶粒尺寸(D)随底层溅射气压变化如表 10.1 所示。从表 10.1 可以看出，晶粒尺寸随底层溅射气压的减小而增加，从这些变化可以反映出其结晶度是逐渐增强的。在最小底层溅射气压制备的双层钼薄膜结晶性能最好的原因是高能(动能)溅射粒子的轰击，这种轰击是钼原子和氩原子之间较少相互碰撞的结果(钼原子具有较高平均自由程)。入射粒子动能 E_{in} 取决于溅射粒子初始动能 E_{out}、基底与钼靶材之间的距离 l、与背景气体碰撞转移原子动量的截面 σ、玻尔兹曼常数 k、工作气体气压 p 和温度 T，关系式如下[21]：

$$E_{in} = E_{out}\exp\left(-\frac{\sigma pl}{kT}\right) \tag{10.1}$$

式中，$l=0.08\mathrm{m}$；$\sigma = \pi r_{\mathrm{argon}}^2 = 1.1\times10^{-19}\,\mathrm{m^2}$，$r$ 是氩原子半径；$T=278\mathrm{K}$；$k=1.38\times10^{-23}\mathrm{m^2\cdot kg/(s^2\cdot K)}$。

这些溅射粒子动能在撞击玻璃基底时转化为热能，促进了成核过程，晶粒尺寸增加，缺陷减少[22]。随着溅射气压的增加，氩原子与钼原子之间碰撞次数也随之增加，从而降低了钼溅射原子的动能。当低能量的钼原子到达基底时，表面迁移力和扩散力大大降低，阻碍了薄膜的结晶过程，降低了薄膜的结晶度。

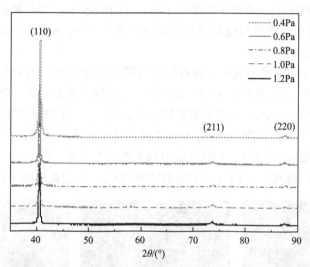

图 10.1　不同底层溅射气压制备双层钼薄膜的 XRD 图谱

表 10.1　用 RF/DC 法在不同底层气压制备双层钼薄膜的晶粒尺寸、
粗糙度、位错密度和霍尔迁移率

底层气压 /Pa	晶粒尺寸 /nm	粗糙度 /nm	位错密度 /$10^5\mathrm{cm^{-2}}$	霍尔迁移率 /[cm²/(V·s)]	顶层气压 /Pa
0.4	30.52	7.18	1.074	9.86	0.3
0.6	26.36	7.86	1.439	7.27	0.3
0.8	21.43	8.32	2.177	6.35	0.3
1.0	18.52	8.98	2.916	5.25	0.3
1.2	17.12	10.23	3.412	3.96	0.3
0.4	15.23	5.22	2.122	6.32	—
0.6	14.08	5.96	2.536	5.83	—
0.8	12.35	6.28	3.125	5.06	—
1.0	11.22	7.02	4.534	4.14	—
1.2	10.36	7.64	4.968	2.46	—

10.2.2　底层气压对界面的影响

为研究钼薄膜在玻璃基底的生长情况以及底层气压对玻璃/钼薄膜界面结构和黏结性的影响,选取 0.4Pa 和 1.2Pa 底层气压制备的双层钼薄膜试样进行高分辨透射电子显微分析(HRTEM),在原子尺度上研究玻璃/钼薄膜界面的微观结构及元素分布,探讨薄膜和基底界面的结合机制。分别垂直于玻璃/钼薄膜界面和平行于钼薄膜界面(即钼薄膜表面)制备透射电镜样品,垂直于玻璃/钼薄膜界面样品采用 Helios G4 PFIB HXe 等离子聚焦离子束(FIB, Helios G4)切取制备。用 Tecnai G2 F30S-TWIN 透射电子显微镜对微观组织结构进行观察,用 X 射线能谱仪(EDS)进行微区元素分析。

图 10.2 为 0.4Pa 底层气压制备双层钼薄膜/钙钠玻璃界面的 HAADF 像和不同元素的面扫描像,图 10.2(a)为 HAADF 像,上层深色为基底钙钠玻璃,下面浅色为钼薄膜。根据 HAADF 像的成像原理,可以看出在钙钠玻璃和钼薄膜之间有一层颜色较深的区域,如图 10.2(a)中的 1 区,其上面有一层很小颗粒组成的薄膜层,如图 10.2(a)中区域 2。钙钠玻璃中的主要元素为硅、钙、钠,元素的轻重为Ca>Si>Na,由此可知钙钠玻璃中亮的区域为 Ca,下层钼薄膜中亮的区域为 Mo

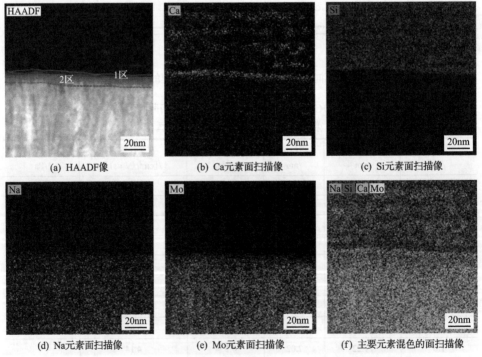

(a) HAADF像　　　　　　　(b) Ca元素面扫描像　　　　　　(c) Si元素面扫描像

(d) Na元素面扫描像　　　　　(e) Mo元素面扫描像　　　　(f) 主要元素混色的面扫描像

图 10.2　0.4Pa 底层气压制备双层钼薄膜/钙钠玻璃界面的 HAADF 像和不同元素的面扫描像

元素，界面处较暗的区域为几种元素的混合区。图 10.2(b)～(e)分别为 Ca、Si、Na、Mo 的元素面扫描像，从这几张元素面扫描像可以看出，Ca 在玻璃表面(即界面上)有明显的偏聚(见图 b)；Si 在玻璃侧，没有明显的向 Mo 中扩散[图 10.2(c)]；Na 从玻璃侧明显均匀地扩散到了钼薄膜侧[图 10.2(d)]；Mo 向玻璃侧有少量的扩散[图 10.2(e)]；图 10.1(f)为主要元素混色的面扫描像。

图 10.3 为 0.4Pa 底层气压制备双层钼薄膜/钙钠玻璃界面的元素线扫描图，图 10.3(b)中箭头表示线扫描位置由 a 到 b，与图 10.2(f)相对应。图 10.3(a)中虚线为界面位置，对应于图 10.3(b)中红线位置，可以看出在界面处 Ca 元素富集，一部分 Mo 元素向玻璃层扩散，扩散深度大约为 2.5nm，对应 10.2(a)HAADF 像中的区域 1，界面处较重颜色由线扫描图可以看出主要对应于 Ca 元素的富集及少量 Na 元素和扩散过来的 Mo 元素。对应 10.2(a)HAADF 像中区域 2 的小晶粒层对应线扫描图 10.3 可以看出大约为 5nm，为图中右边实线箭头和虚线之间距离，晶粒越小晶界越多，越利于元素的扩散，对应 10.3(a)线扫描图，该区域也是 Ca 向钼薄膜中的扩散深度，界面两侧扩散层的厚度约为 7.5nm。从元素线扫描图还可以看出，Na 元素脱离玻璃在钼薄膜中基本呈均匀扩散。

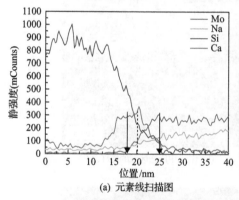 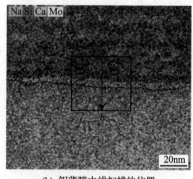

(a) 元素线扫描图　(b) 钼薄膜中线扫描的位置

图 10.3　0.4Pa 底层溅射气压制备双层钼薄膜/钙钠玻璃界面处元素线扫描图

图 10.4 为 0.4Pa 底层气压制备双层钼薄膜/钙钠玻璃界面的透射电子显微像，上面为钙钠玻璃，下面为钼薄膜。图 10.4(a)为界面的 TEM 像，从图中可以看出钼薄膜垂直于玻璃基底呈柱状生长，旁边有一些小枝杈与图 10.1(a)HAADF 像中观察的类似。通过对 10.4(a)框中区域进一步放大的图 10.4(b)可以看出，薄膜的柱状生长实际是很多纳米晶粒沿垂直于基底方向的堆积生长形成的。对图 10.4(b)中 a 区和 b 区的进一步放大像如图 10.4(c)和(d)所示。图 10.4(c)中 A 区为基底钙钠玻璃的非晶组织，B 区对应于与钼薄膜相接的浅色层，该层有 3nm 左右，与图 10.2 及图 10.3(a)比对，主要是 Ca 的富集区以及一部分扩散过来的 Mo 元素，由于 Ca

原子半径较大(r_{Ca}=1.97Å，r_{Si}=1.34Å，r_{Mo}=1.40Å)，一部分 Ca 原子在 Mo 原子的碰撞下，扩散出来进入钼薄膜中，留出来的空位使部分 Mo 原子进入。随着薄膜中 Mo 原子沿垂直于基底方向的溅射沉积，在 Ca 富集层上嵌入 Mo 的原子数越来越多，有的成为原子团簇[图 10.4(c)箭头所示]，随钼薄膜层逐渐增厚，沉积的 Mo 原子逐渐形成 Mo 晶核和小纳米晶，如图 10.4(c)中 C 区所示，在该层中晶粒的取向性还不明显，这个区域颗粒都比较小，与图 10.2 中(a)HAADF 像中 2 区相对应。随薄膜溅射时间的延长，薄膜的厚度进一步增加，上面的小晶核逐渐开始长大，晶粒取向性越来越明显且呈堆垛式长大，开始表现出柱状生长，如图 10.4(c)中 D 区所示。从图 10.4(d)可以看出，随溅射时间增加，薄膜的生长越来越好，晶粒基本都已经生长为纳米晶粒，晶粒与晶粒之间有少量不规则排列的小颗粒，钼薄膜的结晶性很好。对图 10.4(c)高分辨像不同区域进行傅里叶变换如图 10.4(e)所示。从图 10.4(e)A 区可以看出都是非晶区，这里是钙钠玻璃区域；图 10.4(e)B 区多晶环若隐若现，从图 10.3(a)的线扫描图可以看出该区域开始出现了一部分扩

(a) 0.4Pa底层气压制备
双层钼薄膜界面的TEM像

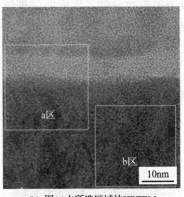

(b) 图(a)中所选区域的HRTEM

(c) 图(b)中选区a的HRTEM

(d) 图(b)中选区b的HRTEM

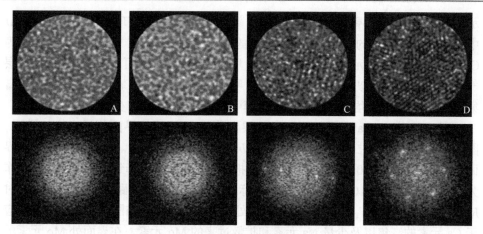

(e) 图(c)中选区的衍射环

图 10.4 垂直于钼薄膜表面样品的 HRTEM 像和选区电子衍射花样(0.4Pa 底层气压)

散过来的 Mo 元素，可能是 Mo 元素；图 10.4(e)C 区看出薄膜中的小晶核堆积，有个别的小晶核开始出现规则排列，D 区表现出明显的规则排列，与前面的分析类似。

随溅射时间增加，薄膜厚度逐渐增加，钼薄膜生长得越来越好。图 10.5 为平行于界面钼薄膜表层样品的 HRTEM 和衍射花样。从图 10.5 可以看出，薄膜由大量取向不同的纳米晶组成，晶粒与晶粒之间有较少的非晶颗粒存在。从薄膜对应多晶环状衍射花样的标定表明是体心立方的 Mo。

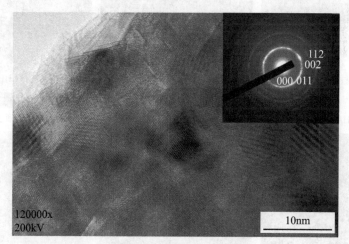

图 10.5 0.4Pa 底层溅射气压制备双层钼薄膜表面的 HRTEM 像和选区电子衍射花样

图 10.6 为 1.2Pa 底层气压制备双层钼薄膜/钙钠玻璃界面的 HAADF 像和不同元素的面扫描像，图 10.6(a) 为 HAADF 像，上层深色为基底钙钠玻璃，下面浅色为钼薄膜。在玻璃和钼薄膜之间有一层颜色较深的区域，如图 10.6(a) 中的 1 区所

示。中间有一层很小颗粒组成的薄膜层，颜色介于钼薄膜和玻璃之间，如图 10.6(a) 中 2 区，但是 2 区的厚度较 0.4Pa 制备的薄膜要厚一些。图 10.6(b)~(e)分别为 Ca、Si、Na、Mo 的元素面扫描像，从这几张元素面扫描像可以看出与 0.4Pa 底层 气压制备的薄膜类似，Si 在玻璃侧没有明显向钼中扩散，Ca 在界面上有明显富 集，Na 从玻璃明显均匀扩散到了钼薄膜中，Mo 向玻璃侧有少量扩散。

　　图 10.7 为 1.2Pa 底层气压制备双层钼薄膜/钙钠玻璃界面的元素线扫描图， 图 10.7(b)为元素面扫描像，图中用 a→b 标出线扫描的位置。10.7(a)中虚线为界 面位置，对应于图 10.7(b)中红线位置，把 Mo 强度开始下降到越过界面趋于零作 为扩散距离，如图 10.7(a)中实线箭头标示。可以看出扩散距离大约在 4nm，对 应图 10.6(a)HAADF 像中的 1 区，界面处较重颜色由线扫描图可以看出主要对应 于 Ca 元素的富集以及少量 Na 元素和扩散过来的 Mo 元素。在界面处 Mo 元素的 扩散深度比 0.4Pa 底层气压制备薄膜的要深。对应图 10.6(a)HAADF 像中区域 2 的小晶粒层对应线扫描图大约为 8nm，为图中右边实线箭头和虚线之间距离， 对应图 10.7(a)线扫描图，该区域也是 Ca 向钼薄膜中的扩散深度，界面两侧扩散 层的厚度约为 12nm。从元素线扫描图还可以看出与 0.4Pa 底层气压制备的薄膜类 似 Na 元素脱离玻璃在钼薄膜中基本呈均匀扩散。

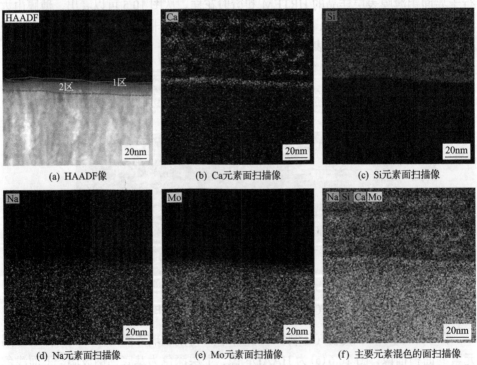

(a) HAADF像　　　　(b) Ca元素面扫描像　　　　(c) Si元素面扫描像

(d) Na元素面扫描像　　(e) Mo元素面扫描像　　(f) 主要元素混色的面扫描像

图 10.6　1.2Pa 底层气压制备双层钼薄膜/钙钠玻璃界面的 HAADF 像和不同元素的面扫描像

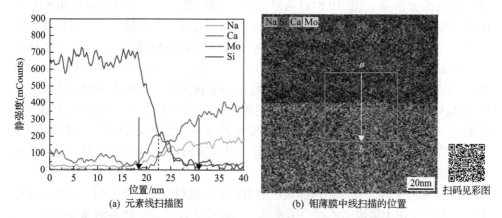

(a) 元素线扫描图　　　　　　　　(b) 钼薄膜中线扫描的位置　　扫码见彩图

图 10.7　1.2Pa 的底层溅射气压制备双层钼薄膜/钙钠玻璃界面处的元素线扫描图

图 10.8 为 1.2Pa 底层气压制备双层钼薄膜/钙钠玻璃界面的 TEM 像以及局

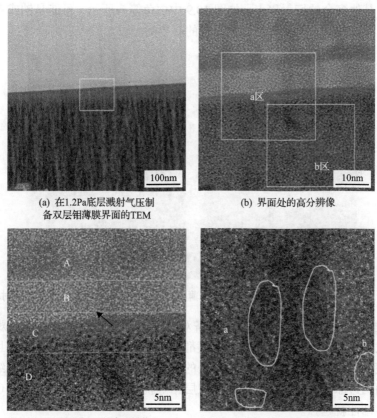

(a) 在1.2Pa底层溅射气压制　　　　　(b) 界面处的高分辨像
备双层钼薄膜界面的TEM

(c) 图(b)中a区的高分辨像　　　　　(d) 图(b)中b区的高分辨像

图 10.8　垂直于钼薄膜表面样品的 HREM 像和选区电子衍射环

部区域的高分辨像。图 10.8(a)为界面的 TEM 像,从图中可以看出钼薄膜与 0.4Pa 时类似,垂直于基底呈柱状生长,并且旁边有一些小枝杈,只是柱状晶更细小一些。图 10.8(b)为图 10.8(a)中标示方框区的 HREM 像,从图可以看出钙钠玻璃和钼薄膜之间较亮的区域,与图 10.6(a)HAADF 像中的区域 1 相对应,为界面 Ca 富集层。图 10.8(c)为图 10.8(b)标示为 a 区的进一步放大 HRTEM 像,在 Ca 富集区存在有几个原子成一簇的小纳米晶核。图 10.8(d)为图 10.8(b)标示为 b 区的进一步放大 HRTEM 像,从图中可见钼薄膜呈柱状生长(图中用 a 圈出),晶粒和晶粒之间存在着一部分非晶颗粒(图中用 b 圈出),与 0.4Pa 溅射气压制备的钼薄膜相比,非晶颗粒更多一些。

　　图 10.9 为平行于界面钼薄膜表层的 HRTEM 像和衍射花样。从图 10.9 可以看出,薄膜中存在大量取向不同的纳米晶,晶粒尺寸较 0.4Pa 制备的薄膜更小,晶粒与晶粒之间存在的非晶颗粒数比 0.4Pa 制备的薄膜更多。图 10.9 右上角为钼纳米晶的环状衍射花样,图中标出了环对应的晶面指数,衍射环中除了钼的多晶环以外还有其他多余的衍射斑点,如图 10.9 中白色箭头所示,可能是钠或者氧化钠的衍射,所以钠元素可能存在于钼晶粒的晶界间。

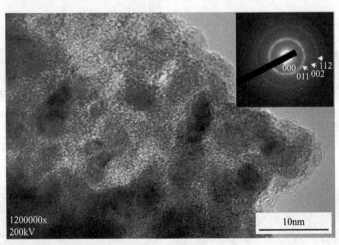

图 10.9　1.2Pa 底层溅射气压制备双层钼薄膜表面的 HRTEM 像和选区电子衍射花样

　　通过上面对不同底层溅射气压制备双层钼薄膜/钙钠玻璃界面间微观结构的分析,发现不同溅射气压制备的钼薄膜都是由纳米晶组成的多晶结构,且呈柱状生长。底层溅射气压越大,薄膜界面处的小晶核层越厚,形成的晶粒越细小,越利于界面两边原子间的扩散,制备的双层钼薄膜和界面间元素的扩散层(结合层)越厚,黏结性就越强。

　　图 10.10 为钼薄膜的生长示意图,由图可以看出,钼薄膜的生长过程为:首先 Mo 原子以一定的速度溅射到玻璃基底上,使玻璃中的 Ca 和 Na 元素向界面和

薄膜中扩散，留出空位 Mo 原子进入，形成扩散层(对应图中的区域 1)。随着溅射时间的增加，Mo 原子在基底上沉积一层小纳米晶核，为钼薄膜的生长层(对应图中的区域 2)，也是 Ca 元素的扩散层，然后随溅射时间的进一步增加，Mo 晶核逐渐长大，显示出明显的规则排列，成长为纳米晶粒。

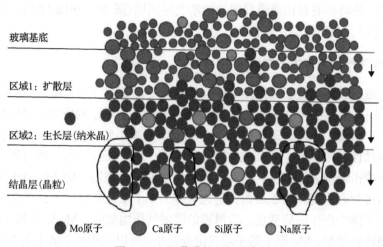

图 10.10　钼薄膜的生长示意图

　　由于通过磁控溅射法制备钼薄膜时沉积速率一般很快，增原子还没有足够的时间扩散到能量最低的平衡位置上去，很快的沉积率还使成核密度很大，因此薄膜生长表现为三维岛状生长。很快的沉积率还使晶核来不及选择最佳取向，所以形成的薄膜是多晶结构。连续多晶薄膜形成后各个晶粒随薄膜厚度的增加竞相向上生长，形成薄膜的柱状结构。在较低温度下稳定晶核实际上以多枝权的几何形状生长，即分形生长，与图 10.4 和图 10.8(a) 中观察一致。这主要是由于原子黏附带稳定以后会沿着岛的边缘进一步扩散，计算机模拟出沿岛的边缘扩散愈显著，分形的枝权愈宽[23]。

　　这里钼薄膜之所以能粘接在玻璃基底表面上，是典型的扩散附着。扩散附着就是在薄膜和基体之间通过基体加热、粒子注入、粒子轰击等方法实现原子的互扩散，形成渐变界面，使薄膜与基体的接触面积明显增加，因而附着力增加。

　　当溅射气压增加时，单位时间内电离出来的 Ar 离子数增加，单位时间内从 Mo 靶材上面溅射出来的 Mo 原子数增加，所以单位时间内对基底注入的 Mo 原子数就增加，对基底的轰击比较剧烈，促进了两边元素间的互扩散，Mo 元素在玻璃测的扩散深度也就增加。而玻璃中 Si 元素以 Si—O 键结合，很难扩散，Ca 元素以 CaO 的形式存在，Na 以 Na_2O 的形式存在，Ca—O 之间的化学键比 Na—O 的要强，所以在大量 Mo 原子的撞击下，玻璃中的 Ca 元素向玻璃的表面富集和界面处小晶粒层扩散，而 Na 元素却比较活跃，可以脱离束缚，在钼薄膜中形成均匀的扩散。当溅射气压增加时，单位时间内溅射过来的 Mo 原子数增加，增原子很难有足够时间扩散到能量最低的平衡位置上去，很快的沉积速率还使晶核来不及选择最佳取向，所以溅射气压越大，溅射的小晶核层越厚，越利于 Ca 和 Na 元素的扩散，玻璃基底和钼薄膜界面处的渐变界面层(图 10.6 和图 10.2(a)中的 1 区和 2 区)越厚，因而黏结性越强。

10.2.3　底层气压对应力的影响

所有钼薄膜都通过了黏结性测试，其应力变化如图 10.11 所示。由图可以看出，在不同底层气压用 RF/DC 法制备的双层钼薄膜，显示的应力都是压应力，并随底层气压增加，压应力逐渐减小，由 0.52GPa 减小到 0.38GPa，钼薄膜和基底之间的黏结性越来越好，与其他文献中报道的一致。压应力与沉积过程中入射的高能粒子撞击薄膜表面有关。薄膜表面的附着原子会被随后的入射原子撞击，并通过敲击过程嵌入薄膜的亚表面，这也被称为原子喷丸效应[24]，这些错配的原子将在周围基体中产生一应变场。当薄膜的溅射气压增加时，Mo 原子和 Ar 离子之间的碰撞次数增加，Mo 原子的平均自由程减小，所以沉积到基底上的 Mo 原子动能减小，对薄膜亚表面的敲击减小，形成的应变减小，相应的缺陷较少。所以，随底层气压增加，双层钼薄膜应力逐渐减小。

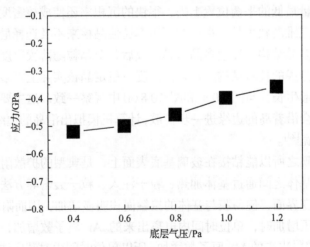

图 10.11　不同底层溅射气压制备双层钼薄膜的应力

10.2.4　底层气压对表面形貌的调控

图 10.12 显示在不同溅射气压通过 RF 法制备的底层钼薄膜和在不同底层溅射

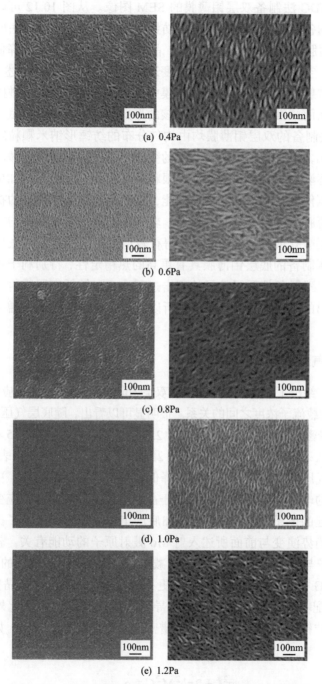

图 10.12　不同底层溅射气压制备底层钼薄膜的 SEM 图像

左边一列为 RF 法制备底层钼薄膜，右边一列为 RF/DC 法制备的双层钼薄膜

气压通过 RF/DC 法制备双层钼薄膜的 SEM 图像。从图 10.12 可以看出，在不同溅射气压制备的底层钼薄膜均是由纺锤形纳米颗粒组成。随底层溅射气压增加，底层钼薄膜的晶粒尺寸逐渐减小，晶粒分布均匀性也逐渐降低，局部出现了团聚现象，空隙增大，均方根粗糙度逐渐增大（表 10.1）。上述 XRD 结果表明，在较高溅射气压制备的底层钼薄膜中 Mo 原子与 Ar 离子碰撞次数增加，动能减小，从而减缓了底层钼薄膜晶核的形成和生长。在不同底层溅射气压，用 RF/DC 法制备的双层钼薄膜均由均匀分布的纺锤形纳米颗粒组成。颗粒长度约为 120nm，主要变化是颗粒粒径的变化。随底层溅射气压减小，双层钼薄膜颗粒粒径逐渐增加，空隙率和均方根粗糙度减小（表 10.1）。如前所述，较低底层溅射气压使 Mo 粒子具有较高动能，进而促进了 Mo 粒子的扩散和生长，导致底层钼薄膜具有较大的颗粒尺寸、较致密的表面、较低的均方根粗糙度以及较少的底层微孔或者或空位。这使得在较低溅射气压制备的底层钼薄膜比在较高溅射气压制备的底层钼薄膜具有更高的热稳定性，特别利于顶层钼薄膜的生长。在相同溅射条件顶层粒子的轰击过程中，在较低底层溅射气压制备的底层薄膜中逸出的不良晶体缺陷较少，所以双层钼薄膜的结晶性增强且颗粒尺寸增加。

10.2.5　底层气压对电学性能的影响

图 10.13 给出了不同底层气压制备双层钼薄膜(110)晶面的微应变和位错密度以及电阻率和载流子浓度之间的关系。很明显可以看出，随底层气压增加，薄膜的微应变和位错密度逐渐增加，电阻率从 $2.5\times10^{-5}\Omega\cdot cm$ 增加到 $4.5\times10^{-5}\Omega\cdot cm$，载流子浓度从 $16.0\times10^{22}cm^{-3}$ 减小到 $12.0\times10^{22}cm^{-3}$。此外，由表 10.1 可以看出，随底层气压增加，载流子迁移率降低，颗粒尺寸逐渐减小。决定金属薄膜电阻率参数的电子传导机理最终取决于晶界、位错、杂质、微应变和点缺陷等结构缺陷引起的电子散射过程[25]。增加底层工作气压直接增加了微应变和位错密度。上述趋势演变与前面所述入射 Mo 溅射原子的动能有关。较低溅射气压会使 Mo 原子与背景气体 Ar 离子碰撞减少，从而产生动能较高的 Mo 原子。因此，到达 SLG 衬底上的 Mo 原子重组更有可能发生，从而降低晶格点失配。这些晶格点失配本质上就是位错核，它导致了微应变的产生。此外，微应变参数的变化与位错密度值一致，表明位错密度主要由微应变引起，如式 (10.2)[26] 所述。

$$\varepsilon_{hkl}^2 = 2\pi b^2 M^2 C_{hkl}\rho_{dislocation} \tag{10.2}$$

式中，ε_{hkl}^{2} 是沿 (hkl) 晶面的均方微应变；b 是柏格斯矢量；C_{hkl} 是位错衬度因子；$\rho_{dislocation}$ 是沿同一晶面的位错密度。另外，在钼薄膜生长过程中，由于入射 Mo 原子动能较低，会出现较高晶格点失配（较高位错密度和相应较高微应变），阻碍成核阶段的再排列过程，这与本书中分析结果一致。

图 10.13(b) 显示了不同底层气压制备双层钼薄膜的电学性能。在底层溅射气压最大时双层钼薄膜的载流子浓度最低。由此产生的电学性能（特别是电阻率）的变化可与钼的微观结构特性（特别是前面描述的晶体缺陷）相关。

由于钼薄膜的多晶性和柱状晶界的存在，Mayadaz 和 Shatzkes 所描述的散射机制很可能出现在钼薄膜中。与这里得到的电阻率值一致，即具有较高微应变和位错密度的薄膜由于电子散射机制的各种来源限制了电子的传导过程，具有较高的电阻率。另外由前面不同底层压强下制备的双层钼薄膜的 TEM 图也可以看出，压强越大，薄膜中的非晶粒子越多，再结合不同压强下的 XRD 图可以看出，压强越大，钼薄膜的(110)晶面的择优取向性越弱，结晶性越差。所以最底层气压减小，钼薄膜的缺陷增加，导电性降低。

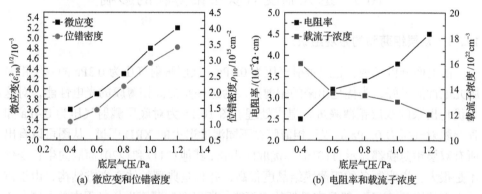

(a) 微应变和位错密度　　　　　　　　　(b) 电阻率和载流子浓度

图 10.13　以 RF/DC 法在不同底层气压制备双层钼薄膜的微应变和位错密度以及电阻率与载流子浓度之间的关系

10.2.6　底层气压对光学性能的影响

最大化双层钼薄膜的光反射，允许更多的光子被吸收[27]，可以极大地提高太阳能电池的效率。图 10.14 表明，随着底层气压的降低，双层钼薄膜反射率增加。这可归因于在较低底层气压制备的钼底层薄膜更均匀、致密，且具有较低的均方根粗糙度（表 10.1）。因此，在相同溅射条件下，在较低溅射气压制备钼底层薄膜上沉积的顶层钼薄膜具有较低的均方根粗糙度，更利于光子反射，相应的双层钼薄膜反射率较高。先前的文献中也讨论过类似的结论[28]。

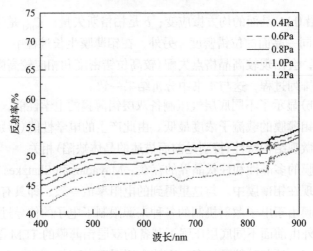

图 10.14　不同底层气压制备双层钼薄膜的反射率

10.3　退火温度对双层钼薄膜的影响

10.3.1　双层钼薄膜的微观组织

由上面分析发现，底层溅射气压为 0.4Pa、顶层溅射气压为 0.3Pa 的双层钼薄膜光电性能最好，为优化出来的钼薄膜。为进一步提高钼薄膜的光电性能，对这个优化出来的双层钼薄膜进行退火处理。图 10.15 为对底层溅射气压为 0.4Pa 和顶层溅射气压为 0.3Pa 的双层钼薄膜在不同温度退火的 XRD 图谱。从图可以看出所有双层钼薄膜都显示(110)面择优取向生长，其他(211)和(220)面取向生长变化不是很大，说明制备的钼薄膜结晶度很高，并且是典型的体心立方结构，由于体心立方结构(110)面一般具有最低的表面能，所以在钼薄膜生长过程中总是倾向于(110)面优先生长。随着退火温度升高，薄膜(110)面衍射峰强度逐渐增加。采用谢乐公式计算的(110)峰的平均粒子尺寸(D)，随退火温度变化关系如表 10.2 所示。从表 10.2 可以看出双层钼薄膜粒子尺寸随退火温度升高而增加，从这些变化可以看出其结晶度随退火温度增加逐渐增强。这是因为随着退火温度的增加，钼薄膜中粒子吸收的能量逐渐增加，增加了粒子表面迁移力和扩散力，以及钼粒子在上下层之间扩散力的增加，促进了钼薄膜的二次成核和生长，提高了双层钼薄膜的质量。此外，随着退火温度增加，双层钼薄膜粒子吸收的能量逐渐增加，用于迁移和合并周围粒子的能量也逐渐增加。因此，随着退火温度升高，双层钼薄膜的粒子尺寸和结晶度都增加，这与 Jia 等[23]的报道一致。

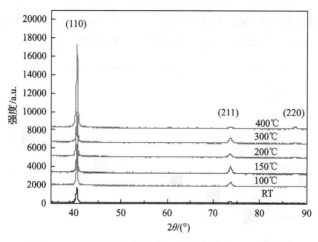

图 10.15　在不同温度退火双层钼薄膜的 XRD 分析

表 10.2　不同温度退火对底部气压为 0.4Pa、顶部气压为 0.3Pa 双层钼薄膜的晶粒尺寸、
均方根粗糙度、微应变、位错密度和霍尔迁移率的演变

退火温度 /℃	晶粒尺寸 /nm	均方根粗糙度 /nm	位错密度(δ) /$10^5 cm^{-2}$	微应变(ε) /10^3	霍尔迁移率 /$[cm^2/(V \cdot s)]$
100	33.25	6.35	0.905	3.4	10.13
150	38.52	6.18	0.674	3.2	11.06
200	40.34	5.78	0.615	2.9	12.02
300	43.63	4.73	0.525	2.6	12.83
400	47.28	3.36	0.447	2.2	13.58

10.3.2　双层钼薄膜的应力和黏结性

对底层溅射气压为 0.4Pa、顶层为 0.3Pa，以 RF/DC 模式制备的双层钼薄膜经不同温度退火处理后其应力变化如图 10.16 所示，由图可以看出，随着退火温度的增加，压应力首先逐渐减小，然后随着温度的进一步增加，逐渐显示为张应力开始增加，无论是压应力还是张应力都表现出很小的应力，对钼薄膜和基底之间的黏结性特别有利，所有双层钼薄膜都通过了胶带的黏结性测试。这主要是由于在 RF/DC 模式制备的双层钼薄膜，随着退火温度增加，双层钼薄膜中粒子吸收的能量更多，粒子表面迁移力和扩散力增加，钼薄膜中粒子进行了重排和生长，可以将错配原子调整到一个更平衡的状态，从而在一定程度上缓解了压应力。另外，由于钼薄膜的热膨胀系数比玻璃基底大，在沉积后冷却过程中产生张应力，从式(8.5)可以计算出热应力的大小，并且随退火温度的增加而增加。而钼薄膜的应力是两种应力共同作用的结果，随退火温度的增加，张应力部分抵消了压应

力。因此，随退火温度增加，压应力逐渐减小，在300～400℃应力最小几乎为零，然后随着温度的进一步增加，引起的张应力又有少许的增加。

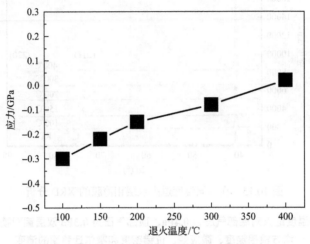

图 10.16　在不同温度退火双层钼薄膜的应力

10.3.3　双层钼薄膜的表面形貌

图 10.17 为在不同温度对顶层溅射气压为 0.3Pa、底层溅射气压为 0.4Pa 的双层钼薄膜退火的 SEM 图。从图 10.17 可以看出，随着退火温度升高，所有薄膜均

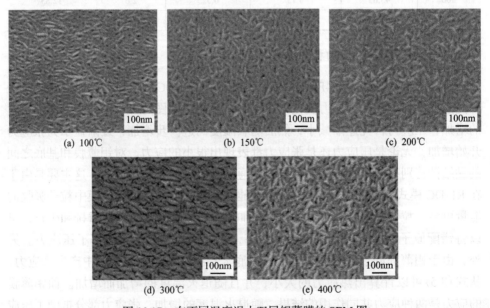

(a) 100℃　　　　　　　(b) 150℃　　　　　　　(c) 200℃

(d) 300℃　　　　　　　(e) 400℃

图 10.17　在不同温度退火双层钼薄膜的 SEM 图

显示出纳米颗粒的均匀分布，双层钼薄膜粒子粒径宽度逐渐增加，空隙减小，均方根粗糙度也逐渐降低（表 10.2），并且形貌逐渐由纺锤状向三角锥转变。这是因为，随着退火温度升高，双层钼薄膜中粒子吸收能量逐渐增加，扩散力和迁移力增强，与相邻晶粒的结合能力和形核能力增强，结晶性增强。因此，随着退火温度升高，双层钼薄膜粒子粒径宽度增大，表面更加均匀致密，均方根粗糙度逐渐减小。

图 10.18 为通过纳米测量软件获得的薄膜表面颗粒尺寸分布与退火温度的关系图，由图可以看出钼薄膜颗粒尺寸分布呈现很好的正态分布。这主要归因于随着退火温度增加，双层钼薄膜中粒子有足够能量来成核和生长，都呈正态分布，并且粒子尺寸分布趋势基本与 XRD 分析观察到的粒度分布变化一致。

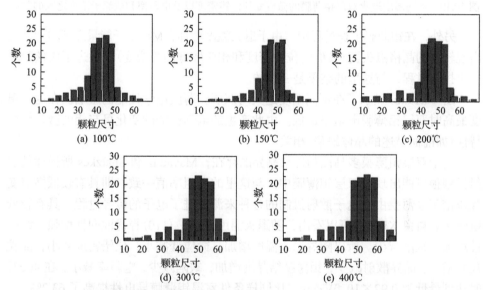

图 10.18　不同温度退火双层钼薄膜的表面颗粒尺寸分布与退火温度关系图

10.3.4　双层钼薄膜的电学性能

图 10.19 给出了在不同温度退火双层钼薄膜(110)晶面的微应变和位错密度以及电阻率和载流子浓度之间的关系。很明显可以看出，随着退火温度增加，薄膜的微应变和位错密度逐渐减小。此外，由表 10.2 可以看出，随着退火温度增加，载流子迁移率增加，粒子尺寸逐渐增大。上述趋势的演变与入射钼溅射粒子动能有关。随着退火温度增加，钼薄膜中粒子吸收更高的能量，所以粒子迁移力和扩散力增加，促进了晶粒成核和生长，发生了重排，从而降低了晶格点失配。这些晶格点失配本质上就是位错核，它导致了微应变产生。此外，微应变参数变

化与位错密度值一致，表明位错密度主要由微应变引起，如式(2.3)[29]所述。

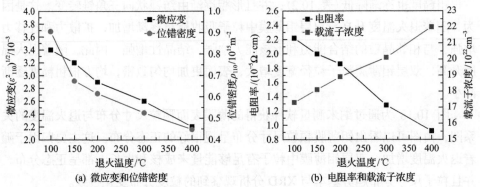

(a) 微应变和位错密度 　　　　(b) 电阻率和载流子浓度

图 10.19 不同温度退火双层钼薄膜的微应变和位错密度以及电阻率和载流子浓度之间的关系

另外，在钼薄膜生长过程中，由于退火温度增加，Mo 原子能量逐渐增加，会出现较低的晶格点失配(较低的位错密度和相应较低的微应变)，促进了成核阶段的再排列过程，与这里的结果是一致的。

图 10.19(b)显示了在不同温度退火对双层钼薄膜电学性能的影响。在退火温度最高时双层钼薄膜电阻率最低。由此产生的电学性能的变化可与钼的微观结构特性(如前面描述的晶体缺陷)相关。

由于双层钼薄膜多晶性和柱状晶界的存在，Mayadaz 和 Shatzkes 所描述的散射机制很可能出现在双层钼薄膜中。与这里的电阻率值一致，即具有较低微应变和位错密度薄膜由于电子散射机制的各种来源促进了电子的传导过程，具有较低电阻率。再由 XRD 图可以看出，随退火温度增加，(110)择优取向性增强，结晶性增加，缺陷减少。所以随着退火温度增加，微应变减小，位错密度减小，晶粒尺寸增大，晶界散射减少，钼薄膜结晶度增加，缺陷减少，电阻率减小，在 400℃时达到最低为 $0.92 \times 10^{-5} W \cdot cm$，比同样条件室温钼薄膜导电性提高了 63.2%。

10.3.5 双层钼薄膜的光学性能

图 10.20 表明，随着退火温度升高，双层钼薄膜反射率增加。随着退火温度的升高，双层钼薄膜粒子吸收的能量逐渐增加，晶粒生长和成核较好，所以制备的双层钼薄膜更加均匀致密，具有较低的均方根粗糙度(表 10.2)，双层钼薄膜的光散射和吸收减少，促使双层钼薄膜具有较高的反射率。

结果表明，在较低溅射气压和较高温度退火以 RF/DC 制备的双层钼薄膜具有优异的光电性能和良好的黏结性。在不同温度退火的底层溅射气压为 0.4Pa、顶层溅射气压为 0.3Pa 的双层钼薄膜上制备 CIGS 太阳能电池[30]。图 10.21 显示的是以在不同温度退火双层钼薄膜为背电极的 CIGS 太阳能电池的电流-电压(I-V)

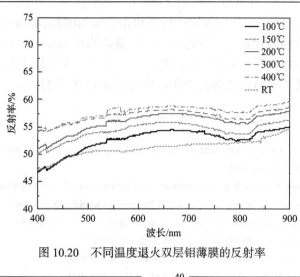

图 10.20　不同温度退火双层钼薄膜的反射率

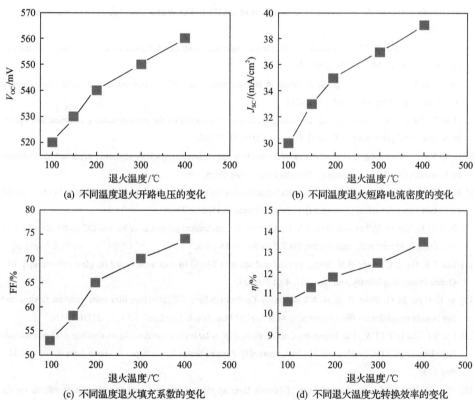

(a) 不同温度退火开路电压的变化

(b) 不同温度退火短路电流密度的变化

(c) 不同温度退火填充系数的变化

(d) 不同退火温度光转换效率的变化

图 10.21　CIGS 太阳能电池电流-电压(I-V)参数随退火温度变化关系图

参数随退火温度变化关系图。结果表明，随退火温度增加，CIGS 太阳电池的开路电压(V_{OC})、短路电流密度(J_{SC})、填充因子(FF)和光电转换效率均增加。这归因于随退火温度增加，双层钼薄膜反射率和光吸收均增加、电阻率降低。在 400℃ 退火的双层钼薄膜表现出优异的综合性能：其电阻率为 0.92×10^{-5} W·cm，反射率在 55% 以上，用其制备 CIGS 太阳能电池光电转换效率高达 13.5%，比同样条件下用室温钼薄膜为电极制备的太阳能电池效率提高了 51.7%。

参 考 文 献

[1] Lin T Y, Chen C H, Lai C H. Mo effect on one-step sputtering chalcopyrite CIGS thin films[C]. Photovoltaic Specialists Conference, Austin, 2012.

[2] Pandharkar S M, Rostr R S, Vind R A, et al. Synthesis and characterization of molybdenum back contact using direct current-magnetron sputtering for thin film solar cells[J]. Frontiers in Materials, 2018, 5: 1-6.

[3] Tong J, Luo H L, Xu Z A, et al. The effect of thermal annealing of Mo film on the CuInSe2 layer texture and device performance[J]. Solar Energy Materials & Solar Cells, 2013, 119: 190-195.

[4] Kathikeyan S, Zhang L, Campbell S A. In-situ stress and thermal stability studies of molybdenum bilayer back contacts for photovoltaic application[C]. Proceedings of the IEEE 40th Photovoltaic Specialist Conference, Denver, 2014: 387-389.

[5] Torbatian Z, Asgari R. Plasmon modes of bilayer molybdenum disulfide: A density functional study[J]. Journal of Physics: Condensed Matter, 2017, 29(46): 465701.

[6] Fernández S L, Lópezlozano X. Spin effects in isolated mono- and bilayer molybdenum disulfide nanowires[J]. American Physical Society, 2012, 3: 210-218.

[7] Zhao H, Xie J, Mao A, et al. Effects of heating mode and temperature on the microstructures, electrical and optical properties of molybdenum thin films[J]. Materials, 2018, 11: 01634.

[8] Li W, Yan X, Aber A G, et al. Analysis of microstructure and surface morphology of sputter deposited molybdenum back contacts for CIGS solar cells[J]. Procedia Engineering, 2016, 139: 1-6.

[9] Badgujar A C, Dhage S R, Joshi S V. Process parameter impact on properties of sputtered large-area Mo bilayers for CIGS thin film solar cell applications[J]. Thin Solid Films, 2015, 589: 79-84.

[10] Park M W, Lee W W, Lee J G, et al. A Comparison of the mechanical properties of RF and DC sputter-deposited Cr thin films[J]. Materials Science Forum, 2007, 546-549: 1695-1698.

[11] Lee T S, Gu G L, Tseng B H. Microstructure and stress in Mo films sputtr-deposited on glass substrates[J]. Mrs Online Proceeding Library Archive, 2011, 403: 118-124.

[12] Jo E, Gang M G, Shim H, et al. 8% efficiency Cu₂ZnSn(S,Se)₄(CZTSSe) thin film solar cells on flexible and lightweight molybdenum foil substrates[J]. ACS Applied Materials & Interfaces, 2019, 11: 23118-23124.

[13] Liu X L, Cui H T, Li W, et al. Improving Cu₂ZnSnS₄(CZTS) solar cell performance by an ultrathin ZnO intermediate layer between CZTS absorber and Mo back contact[J]. Physica Status Solidi-Rapid Research Letters, 2014, 8(12): 966-970.

[14] Zhao H, Xie J, Mao A, et al. Effects of bottom layer sputtering pressures and annealing temperatures on the microstructures, electrical and optical properties of Mo bilayer films deposited by RF/DC magnetron sputtering[J]. Applied Sciences, 2019, 9: 1395.

[15] Jie A, Ge N, Jinchun D, et al. A 5.5% efficient co-electrodeposited ZnO/CdS/Cu₂ZnSnS₄/Mo thin film solar cell[J]. Solar Energy Materials and Solar Cells, 2014, 125: 20-26.

[16] Zhang L, He Q, Wei J, et al. Mo back contact for flexible polyimide substrate Cu (In, Ga) Se₂ thin-film solar cells[J]. Chinese Physics Letters, 2008, 25: 3452-3454.

[17] Kadam A A, Dhere N G, Holloway P, et al. Study of molybdenum back contact layer to achieve adherent and efficient CIGS2 absorber thin-film solar cells[J]. Journal of Vacuum Science & Technology A, 2005, 23: 1197-1201.

[18] Malmstro M J, Schleussner S, Stolt L. Enhanced back reflectance and quantum efficiency in Cu (In,Ga) Se₂ thin film solar cells with a ZrN back reflector[J]. Applied Physics Letters, 2004, 85: 2634-2636.

[19] Zhu H, Dong Z, Niu X, et al. DC and RF sputtered molybdenum electrodes for Cu (In,Ga) Se₂ thin film solar cells[J]. Applied Surface Science, 2019, 465: 48-55.

[20] Zheng L, Zhou F, Diao X. Properties of infrared high feflectance Mo film for solar selective coatings by MF sputtering[J]. Materials Science Forum, 2013, 743-744: 857-862.

[21] Ekpe S D, Dew S K. Theoretical and experimental determination of the energy flux during magnetron sputter deposition onto an unbiased substrate[J]. Journal of Vacuum Science & Technology A, 2003, 21: 476-483.

[22] Franz G. Low pressure plasmas and microstructuring technology plasma deposition processes[J]. Plasma Deposition Processes, 2009, 3: 375-438.

[23] 吴自勤. 薄膜生长[M]. 北京: 科学出版社, 2017.

[24] D'Heurle F M. Aluminum films deposited by RF sputtering[J]. Metallurgical Transactions, 1970, 1: 725-727.

[25] Postorino S, Grassano D, D'Alessandro M, et al. Strain-induced effects on the electronic properties of 2D materials[J]. Nanomaterials and Nanotechnology, 2019, 10: 1-11.

[26] Brown. Electrical resistivity of dislocations in metals[J]. Journal of Physics F: Metal Physics, 1977, 7: 1283-1295.

[27] Jubault M, Ribeaucourt L, Chassaing E, et al. Optimization of molybdenum thin films for electrodeposited CIGS solar cells[J]. Solar Energy Materials & Solar Cells, 2011, 95: 26-31.

[28] Ahmadipour M, Cheah W K, Ain M F, et al. Effects of deposition temperatures and substrates on microstructure and optical properties of sputtered CCTO thin film[J]. Materials Letters, 2018, 210: 4-7.

[29] Rafaja D, Köstenbauer H, Mühle U, et al. Effect of the deposition process and substrate temperature on the microstructure defects and electrical conductivity of molybdenum thin films[J]. Thin Solid Films An International Journal on the Science & Technology of Thin & Thick Films, 2013, 528: 42-48.

[30] Nwakanma O, Reyes P, Velumani S. Electrical, structural, and topographical properties of direct current (DC) sputtered bilayer molybdenum thin films[J]. Journal of Materials Science: Materials in Electronics, 2018, 29: 15671-15681.